연산 능력 강화

기초력 완성

개념 기억력 강화

KB147593

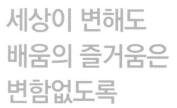

세상이 변해도
배움의 즐거움은
변함없도록

시대는 빠르게 변해도
배움의 즐거움은
변함없어야 하기에

어제의 비상은
남다른 교재부터
결이 다른 콘텐츠
전에 없던 교육 플랫폼까지

변함없는 혁신으로
교육 문화 환경의 새로운 전형을
실현해왔습니다.

비상은 오늘, 다시 한번
새로운 교육 문화 환경을 실현하기 위한
또 하나의 혁신을 시작합니다.

오늘의 내가 어제의 나를 초월하고
오늘의 교육이 어제의 교육을 초월하여
배움의 즐거움을 지속하는 혁신,

바로, 메타인지 기반 완전 학습을.

상상을 실현하는 교육 문화 기업 비상

메타인지 기반 완전 학습

초월을 뜻하는 meta와 생각을 뜻하는 인지가 결합한 메타인지는
자신이 알고 모르는 것을 스스로 구분하고 학습계획을 세우도록 하는
궁극의 학습 능력입니다. 비상의 메타인지 기반 완전 학습 시스템은
잠들어 있는 메타인지를 깨워 공부를 100% 내 것으로 만들도록 합니다.

수와 연산

1학년

1-1 9까지의 수
- 1부터 9까지의 수
- 수로 순서 나타내기
- 수의 순서
- 1만큼 더 큰 수, 1만큼 더 작은 수 / 0
- 수의 크기 비교

1-1 덧셈과 뺄셈
- 9까지의 수 모으기와 가르기
- 덧셈 알아보기, 덧셈하기
- 뺄셈 알아보기, 뺄셈하기
- 0이 있는 덧셈과 뺄셈

1-1 50까지의 수
- 10 / 십몇
- 19까지의 수 모으기와 가르기
- 10개씩 묶어 세기 / 50까지의 수 세기
- 수의 순서
- 수의 크기 비교

1-2 100까지의 수
- 60, 70, 80, 90
- 99까지의 수
- 수의 순서
- 수의 크기 비교
- 짝수와 홀수

1-2 덧셈과 뺄셈
- 계산 결과가 한 자리 수인 세 수의 덧셈과 뺄셈
- 10이 되는 더하기
- 10에서 빼기
- 두 수의 합이 10인 세 수의 덧셈

- 받아올림이 있는 (몇)+(몇)
- 받아내림이 있는 (십몇)-(몇)

- 받아올림이 없는 (몇십몇)+(몇),
  (몇십)+(몇십), (몇십몇)+(몇십몇)
- 받아내림이 없는 (몇십몇)-(몇),
  (몇십)-(몇십), (몇십몇)-(몇십몇)

수와 연산

2학년

2-1 세 자리 수
- 100 / 몇백
- 세 자리 수
- 각 자리의 숫자가 나타내는 값
- 뛰어 세기
- 수의 크기 비교

2-1 덧셈과 뺄셈
- 받아올림이 있는 (두 자리 수)+(한 자리 수),
  (두 자리 수)+(두 자리 수)
- 받아내림이 있는 (두 자리 수)-(한 자리 수),
  (몇십)-(몇십몇), (두 자리 수)-(두 자리 수)
- 세 수의 계산
- 덧셈과 뺄셈의 관계를 식으로 나타내기
- □가 사용된 덧셈식을 만들고
  □의 값 구하기
- □가 사용된 뺄셈식을 만들고
  □의 값 구하기

2-1 곱셈
- 여러 가지 방법으로 세어 보기
- 묶어 세기
- 몇의 몇 배
- 곱셈 알아보기
- 곱셈식

2-2 네 자리 수
- 1000 / 몇천
- 네 자리 수
- 각 자리의 숫자가 나타내는 값
- 뛰어 세기
- 수의 크기 비교

2-2 곱셈구구
- 2단 곱셈구구
- 5단 곱셈구구
- 3단, 6단 곱셈구구
- 4단, 8단 곱셈구구
- 7단 곱셈구구
- 9단 곱셈구구
- 1단 곱셈구구 / 0의 곱
- 곱셈표

3학년

3-1 덧셈과 뺄셈
- (세 자리 수)+(세 자리 수)
- (세 자리 수)-(세 자리 수)

3-1 나눗셈
- 똑같이 나누어 보기
- 곱셈과 나눗셈의 관계
- 나눗셈의 몫을 곱셈식으로 구하기
- 나눗셈의 몫을 곱셈구구로 구하기

3-1 곱셈
- (몇십)×(몇)
- (몇십몇)×(몇)

3-1 분수와 소수
- 똑같이 나누어 보기
- 분수
- 분모가 같은 분수의 크기 비교
- 단위분수의 크기 비교
- 소수
- 소수의 크기 비교

3-2 곱셈
- (세 자리 수)×(한 자리 수)
- (몇십)×(몇십), (몇십몇)×(몇십)
- (몇)×(몇십몇)
- (몇십몇)×(몇십몇)

3-2 나눗셈
- (몇십)÷(몇)
- (몇십몇)÷(몇)
- (세 자리 수)÷(한 자리 수)

3-2 분수
- 분수로 나타내기
- 분수만큼은 얼마인지 알아보기
- 진분수, 가분수, 자연수, 대분수
- 분모가 같은 분수의 크기 비교

색깔별로 각 주제의 학습 내용을 알 수 있어요!

자연수	자연수의 혼합 계산	분수의 곱셈과 나눗셈
자연수의 덧셈과 뺄셈	분수의 덧셈과 뺄셈	소수의 곱셈과 나눗셈
자연수의 곱셈과 나눗셈	소수의 덧셈과 뺄셈	

4학년

4-1 큰 수
- 10000 / 다섯 자리 수
- 십만, 백만, 천만
- 억, 조
- 뛰어 세기
- 수의 크기 비교

4-1 곱셈과 나눗셈
- (세 자리 수)×(몇십)
- (세 자리 수)×(두 자리 수)
- (세 자리 수)÷(몇십)
- (두 자리 수)÷(두 자리 수),
  (세 자리 수)÷(두 자리 수)

4-2 분수의 덧셈과 뺄셈
- 두 진분수의 덧셈
- 두 진분수의 뺄셈, 1−(진분수)
- 대분수의 덧셈
- (자연수)−(분수)
- (대분수)−(대분수), (대분수)−(가분수)

4-2 소수의 덧셈과 뺄셈
- 소수 두 자리 수 / 소수 세 자리 수
- 소수의 크기 비교
- 소수 사이의 관계
- 소수 한 자리 수의 덧셈과 뺄셈
- 소수 두 자리 수의 덧셈과 뺄셈

5학년

5-1 자연수의 혼합 계산
- 덧셈과 뺄셈이 섞여 있는 식
- 곱셈과 나눗셈이 섞여 있는 식
- 덧셈, 뺄셈, 곱셈이 섞여 있는 식
- 덧셈, 뺄셈, 나눗셈이 섞여 있는 식
- 덧셈, 뺄셈, 곱셈, 나눗셈이 섞여 있는 식

5-1 약수와 배수
- 약수와 배수
- 약수와 배수의 관계
- 공약수와 최대공약수
- 공배수와 최소공배수

5-1 약분과 통분
- 크기가 같은 분수
- 약분
- 통분
- 분수의 크기 비교
- 분수와 소수의 크기 비교

5-1 분수의 덧셈과 뺄셈
- 진분수의 덧셈
- 대분수의 덧셈
- 진분수의 뺄셈
- 대분수의 뺄셈

5-2 수와 범위와 어림하기
- 이상, 이하, 초과, 미만
- 올림, 버림, 반올림

5-2 분수의 곱셈
- (분수)×(자연수)
- (자연수)×(분수)
- (진분수)×(진분수)
- (대분수)×(대분수)

5-2 소수의 곱셈
- (소수)×(자연수)
- (자연수)×(소수)
- (소수)×(소수)
- 곱의 소수점의 위치

6학년

6-1 분수의 나눗셈
- (자연수)÷(자연수)의 몫을 분수로 나타내기
- (분수)÷(자연수)
- (대분수)÷(자연수)

6-1 소수의 나눗셈
- (소수)÷(자연수)
- (자연수)÷(자연수)의 몫을 소수로 나타내기
- 몫의 소수점 위치 확인하기

6-2 분수의 나눗셈
- (분수)÷(분수)
- (분수)÷(분수)를 (분수)×(분수)로 나타내기
- (자연수)÷(분수), (가분수)÷(분수),
  (대분수)÷(분수)

6-2 소수의 나눗셈
- (소수)÷(소수)
- (자연수)÷(소수)
- 소수의 나눗셈의 몫을 반올림하여 나타내기

✚ 교과서에 따라 3~4학년군, 5~6학년 내에서 학기별로 수록된 단원 또는 학습 내용의 순서가 다를 수 있습니다.

개념➕연산

메인 북

초등수학

2·1

구성과 특징

개념 + 드릴

기억에 오래 남는 **한 컷 개념**과 **계산력 강화**를 위한
드릴 문제 **4쪽**으로 수와 연산을 익혀요.

연산
계산력
강화 단원

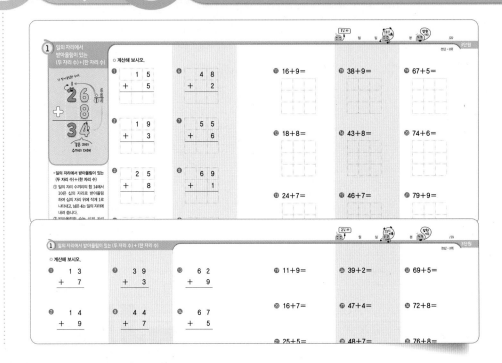

개념 + 익힘

기억에 오래 남는 **한 컷 개념**과 **기초 개념 강화**를 위한
익힘 문제 **2쪽**으로 도형, 측정 등을 익혀요.

도형, 측정 등
기초 개념
강화 단원

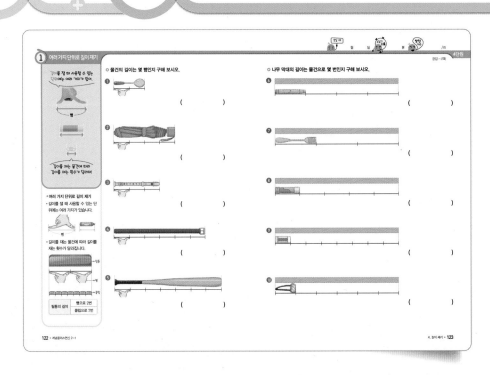

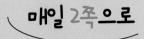

매일 2쪽으로 연산력을 강화해요!

적용
다양한 유형의 연산 문제에 **적용 능력**을 키워요.

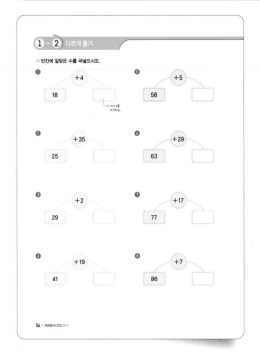

특강
비법 강의로 빠르고 정확한 **연산력**을 강화해요.

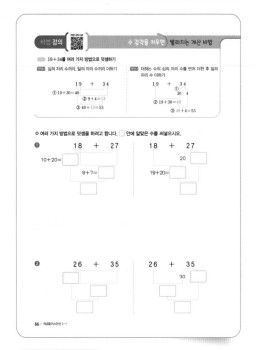

수 감각을 키우면 수를 분해하고 합성하여 계산하는 방법을 익혀요.

평가로 마무리~!

평가
단원별로 **연산력**을 **평가**해요.

클리닉 북

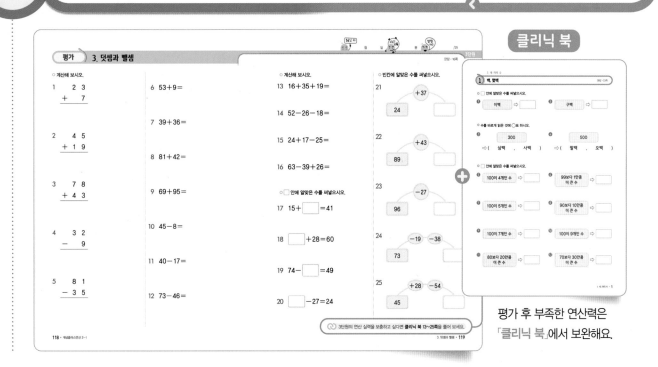

평가 후 부족한 연산력은 「클리닉 북」에서 보완해요.

차례

세 자리 수

학습 내용	학습 회차	걸린 시간
① 백, 몇백	1일 차	/5분
	2일 차	/7분
② 세 자리 수	3일 차	/5분
	4일 차	/10분
③ 세 자리 수의 자릿값	5일 차	/5분
	6일 차	/10분
④ 뛰어 세기	7일 차	/8분
	8일 차	/9분
⑤ 수의 크기 비교	9일 차	/7분
	10일 차	/7분
평가 1. 세 자리 수	11일 차	/13분

기초력 상승!

헛 둘! 헛 둘!

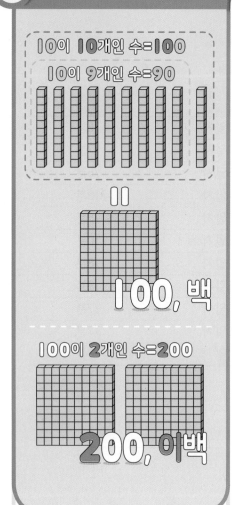

10이 **10**개인 수=**100**

10이 9개인 수=90

∥

100, 백

100이 **2**개인 수=**200**

200, 이백

● 백

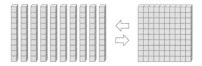

· 90보다 10만큼 더 큰 수
· 10이 10개인 수

쓰기 100   읽기 백

● 몇백

· 100이 2개인 수 ⇨ 200

쓰기 200   읽기 이백

참고 100이 ■개인 수 ⇨ ■00

○ 수 모형을 보고 ☐ 안에 알맞은 수나 말을 써넣으시오.

1

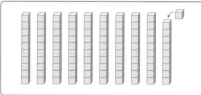

99보다 ☐ 만큼 더 큰 수는 ☐ 입니다.

2

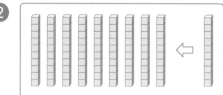

90보다 ☐ 만큼 더 큰 수는 ☐ 입니다.

3

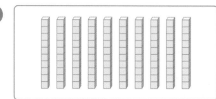

10이 ☐ 개인 수는 ☐ 입니다.

4

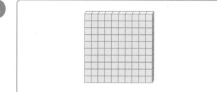

100은 ☐ (이)라고 읽습니다.

⑤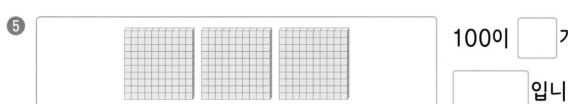

100이 ☐ 개인 수는

☐ 입니다.

⑥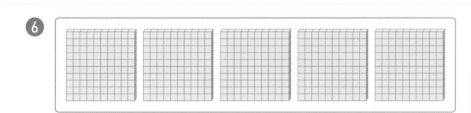

100이 ☐ 개인 수는

☐ 입니다.

⑦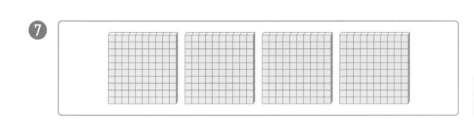

100이 ☐ 개인 수는

☐ 입니다.

⑧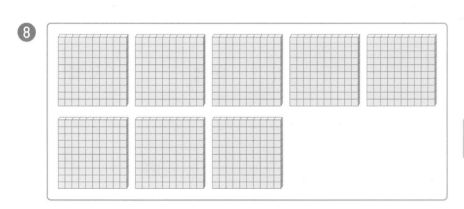

100이 ☐ 개인 수는

☐ 입니다.

⑨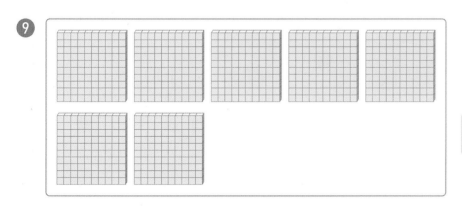

100이 ☐ 개인 수는

☐ 입니다.

○ ☐ 안에 알맞은 수를 써넣으시오.

1 백 ⇨ ☐

2 육백 ⇨ ☐

3 사백 ⇨ ☐

4 오백 ⇨ ☐

5 팔백 ⇨ ☐

6 삼백 ⇨ ☐

○ 수를 바르게 읽은 것에 ◯표 하시오.

7 200

⇨ (이백 , 삼백)

8 900

⇨ (칠백 , 구백)

9 800

⇨ (삼백 , 팔백)

10 600

⇨ (육백 , 사백)

11 700

⇨ (칠백 , 오백)

12 100

⇨ (사백 , 백)

○ ☐ 안에 알맞은 수를 써넣으시오.

13  100이 2개인 수 ⇨ ☐

19 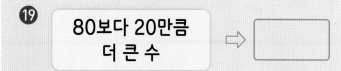 80보다 20만큼 더 큰 수 ⇨ ☐

14  10이 10개인 수 ⇨ ☐

20 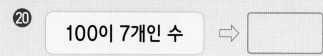 100이 7개인 수 ⇨ ☐

15 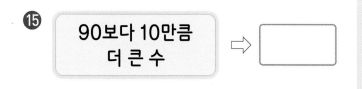 90보다 10만큼 더 큰 수 ⇨ ☐

21 100이 3개인 수 ⇨ ☐

16 100이 6개인 수 ⇨ ☐

22 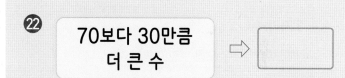 70보다 30만큼 더 큰 수 ⇨ ☐

17 99보다 1만큼 더 큰 수 ⇨ ☐

23 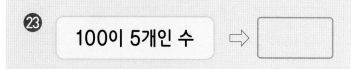 100이 5개인 수 ⇨ ☐

18 100이 9개인 수 ⇨ ☐

24 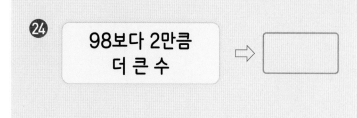 98보다 2만큼 더 큰 수 ⇨ ☐

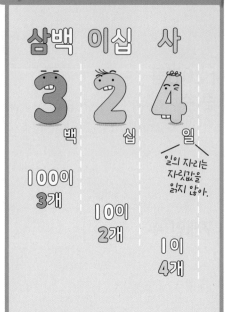

삼백 이십 사
3 2 4
백 십 일

100이 3개
10이 2개
1이 4개

일의 자리는
자리값을
읽지 않아.

● 세 자리 수

백 모형	십 모형	일 모형
100이 3개	10이 2개	1이 4개

⇨ 100이 3개, 10이 2개, 1이 4개
인 수

쓰기 324   읽기 삼백이십사

○ 수 모형을 보고 빈 곳에 알맞은 수를 써넣으시오.

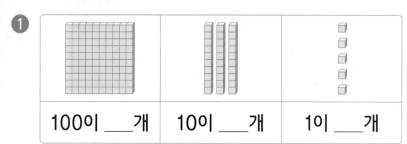

❶

100이 ___개	10이 ___개	1이 ___개

⇨ 나타내는 수: [　　]

❷

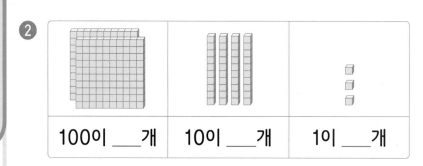

100이 ___개	10이 ___개	1이 ___개

⇨ 나타내는 수: [　　]

❸

100이 ___개	10이 ___개	1이 ___개

⇨ 나타내는 수: [　　]

○ 수 모형이 나타내는 수를 쓰고 바르게 읽은 것에 ◯표 하시오.

4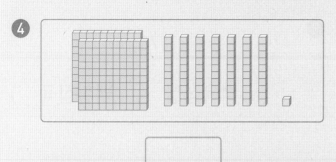

⇨ (이백칠십일 , 이백십칠)

7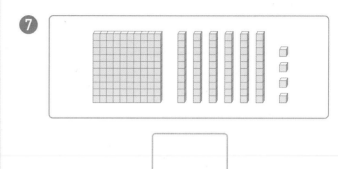

⇨ (백육십사 , 이백육십사)

5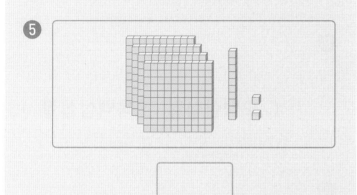

⇨ (사백이십이 , 사백십이)

8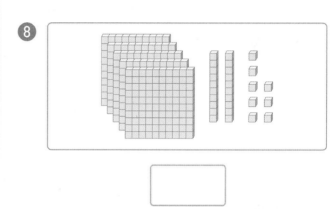

⇨ (오백이십육 , 오백이십팔)

6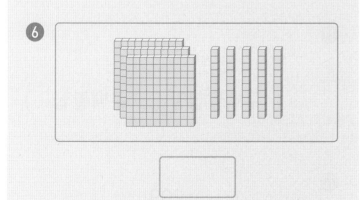

⇨ (삼백오십 , 삼백오십일)

9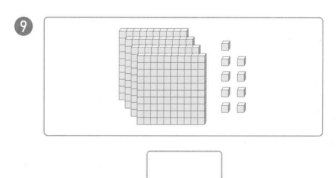

⇨ (사백십구 , 사백구)

○ ☐ 안에 알맞은 수를 써넣으시오.

1 이백이십일 ⇨ ☐

2 사백구십오 ⇨ ☐

3 오백육십 ⇨ ☐

4 육백오십팔 ⇨ ☐

5 칠백삼십칠 ⇨ ☐

6 팔백사십삼 ⇨ ☐

○ 수를 바르게 읽은 것에 ◯표 하시오.

7 176
⇨ (백육십칠 , 백칠십육)

8 348
⇨ (삼백삼십팔 , 삼백사십팔)

9 537
⇨ (오백삼십칠 , 육백삼십칠)

10 614
⇨ (육백사십 , 육백십사)

11 981
⇨ (구백팔십일 , 구백팔십)

12 209
⇨ (이백구 , 이백십구)

○ 수를 바르게 읽은 말을 찾아 이어 보시오.

⑬
534 ·

453 ·

· 사백오십삼

· 오백삼십사

· 삼백오십사

⑯
629 ·

962 ·

· 육백이십구

· 구백육십이

· 육백구십이

⑭
127 ·

271 ·

· 백이십칠

· 이백십칠

· 이백칠십일

⑰
801 ·

180 ·

· 팔백십

· 백팔십

· 팔백일

⑮
368 ·

863 ·

· 팔백육십삼

· 육백삼십팔

· 삼백육십팔

⑱
240 ·

402 ·

· 사백이십

· 이백사십

· 사백이

3 세 자리 수의 자릿값

백의 자리   십의 자리   일의 자리

2 3 4

= 200 + 30 + 4

오른쪽부터 왼쪽으로
한 자리씩 갈 때마다
10배씩 커져.
즉, 0이 1개씩 늘어나.

● 세 자리 수의 자릿값

백의 자리	십의 자리	일의 자리
2	3	4

⇩

2	0	0
	3	0
		4

- 2는 백의 자리 숫자이고, 200을
  나타냅니다.
- 3은 십의 자리 숫자이고, 30을
  나타냅니다.
- 4는 일의 자리 숫자이고, 4를
  나타냅니다.

234＝200＋30＋4

○ 주어진 수를 보고 빈 곳에 알맞은 수를 써넣으시오.

❶

514

100이 5개	10이 1개	1이 4개
500		

514＝ [ ] ＋ [ ] ＋ [ ]

❷

726

100이 7개	10이 2개	1이 6개
700		

726＝ [ ] ＋ [ ] ＋ [ ]

❸

483

100이 4개	10이 8개	1이 3개
400		

483＝ [ ] ＋ [ ] ＋ [ ]

주어진 수를 보고 빈칸에 알맞은 숫자를 써넣으시오.

4 376

백의 자리	십의 자리	일의 자리

8 623

백의 자리	십의 자리	일의 자리

5 561

백의 자리	십의 자리	일의 자리

9 197

백의 자리	십의 자리	일의 자리

6 752

백의 자리	십의 자리	일의 자리

10 280

백의 자리	십의 자리	일의 자리

7 835

백의 자리	십의 자리	일의 자리

11 948

백의 자리	십의 자리	일의 자리

○ 주어진 수를 보고 빈칸에 각 자리 숫자를 쓰고, 그 숫자가 나타내는 값을 써넣으시오.

1

142

	백의 자리	십의 자리	일의 자리
자리 숫자			
나타내는 값			

2

323

	백의 자리	십의 자리	일의 자리
자리 숫자			
나타내는 값			

3

746

	백의 자리	십의 자리	일의 자리
자리 숫자			
나타내는 값			

4

579

	백의 자리	십의 자리	일의 자리
자리 숫자			
나타내는 값			

5

608

	백의 자리	십의 자리	일의 자리
자리 숫자			
나타내는 값			

6

950

	백의 자리	십의 자리	일의 자리
자리 숫자			
나타내는 값			

○ 빈칸에 밑줄 친 숫자가 나타내는 값을 써넣으시오.

7
| 43<u>7</u> | |

8
| <u>6</u>23 | |

9
| 1<u>5</u>4 | |

10
| <u>7</u>62 | |

11
| 92<u>1</u> | |

12
| 54<u>6</u> | |

13
| 8<u>0</u>7 | |

14
| 38<u>5</u> | |

15
| <u>5</u>18 | |

16
| 23<u>4</u> | |

17
| <u>1</u>69 | |

18
| 47<u>5</u> | |

19
| 82<u>8</u> | |

20
| <u>9</u>96 | |

4 뛰어 세기

1씩 뛰어 세면
일의 자리 수만
1씩 커져!

997
+1
998
+1
999
+1
1000

999보다 1만큼 더 큰 수는
1000이고, 천이라고 읽어.

● 뛰어 세기

· 100씩 뛰어 세기
  $100-200-300-400-500$
  ➡ 백의 자리 수만 1씩 커집니다.

· 10씩 뛰어 세기
  $910-920-930-940-950$
  ➡ 십의 자리 수만 1씩 커집니다.

· 1씩 뛰어 세기
  $991-992-993-994-995$
  ➡ 일의 자리 수만 1씩 커집니다.

● 1000

· 999보다 1만큼 더 큰 수

  쓰기 1000   읽기 천

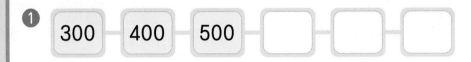

○ 100씩 뛰어 세어 보시오.

① 300 400 500 ☐ ☐ ☐

② 260 360 460 ☐ ☐ ☐

③ 145 245 345 ☐ ☐ ☐

④ 470 570 ☐ 770 ☐ ☐

⑤ 351 451 ☐ 651 ☐ ☐

⑥ 409 ☐ 609 ☐ ☐ 909

○ 10씩 뛰어 세어 보시오.

7 710 — 720 — 730 — ☐ — ☐ — ☐

8 842 — ☐ — 862 — ☐ — ☐ — 892

9 580 — ☐ — ☐ — 610 — ☐ — 630

○ 1씩 뛰어 세어 보시오.

10 430 — 431 — ☐ — 433 — ☐ — ☐

11 356 — 357 — ☐ — 359 — ☐ — ☐

12 193 — ☐ — 195 — ☐ — 197 — ☐

13 995 — ☐ — ☐ — 998 — 999 — ☐

○ 몇씩 뛰어 세었는지 ☐ 안에 알맞은 수를 써넣으시오.

1

| 236 | 246 | 256 | 266 |

⇨ ☐ 씩 뛰어 세었습니다.

6

| 455 | 465 | 475 | 485 |

⇨ ☐ 씩 뛰어 세었습니다.

2

| 611 | 711 | 811 | 911 |

⇨ ☐ 씩 뛰어 세었습니다.

7

| 739 | 740 | 741 | 742 |

⇨ ☐ 씩 뛰어 세었습니다.

3

| 324 | 325 | 326 | 327 |

⇨ ☐ 씩 뛰어 세었습니다.

8

| 392 | 402 | 412 | 422 |

⇨ ☐ 씩 뛰어 세었습니다.

4

| 560 | 660 | 760 | 860 |

⇨ ☐ 씩 뛰어 세었습니다.

9

| 498 | 598 | 698 | 798 |

⇨ ☐ 씩 뛰어 세었습니다.

5

| 997 | 998 | 999 | 1000 |

⇨ ☐ 씩 뛰어 세었습니다.

10

| 173 | 183 | 193 | 203 |

⇨ ☐ 씩 뛰어 세었습니다.

○ 뛰어 세는 규칙을 찾아 빈칸에 알맞은 수를 써넣으시오.

⑪ | 513 | 523 | 533 | | | |

⑫ | 130 | 230 | | 430 | | |

⑬ | 995 | 996 | | | 999 | |

⑭ | 428 | 528 | | | | 928 |

⑮ | 200 | | 202 | 203 | | |

⑯ | 754 | | 774 | | 794 | |

⑰ | 689 | | | 719 | | 739 |

백의 자리 수부터
같은 자리 수끼리
차례대로 비교해 봐!

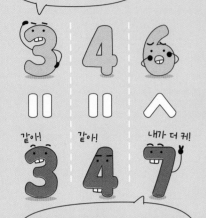

백의 자리 수와 십의 자리 수는
각각 같으니까 일의 자리 수를
비교하면 돼.

● 수의 크기 비교

① 백의 자리 수부터 비교합니다.
② 백의 자리 수가 같으면 십의 자리 수를 비교합니다.
③ 백의 자리 수와 십의 자리 수가 각각 같으면 일의 자리 수를 비교합니다.

예 346과 347의 크기 비교

	백의 자리	십의 자리	일의 자리
346 ⇨	3	4	6
347 ⇨	3	4	7

6 < 7

346 ⟨<⟩ 347

○ 빈칸에 알맞은 숫자를 써넣고, 두 수의 크기를 비교하여 ○ 안에 > 또는 <를 알맞게 써넣으시오.

1

	백의 자리	십의 자리	일의 자리
489 ⇨	4	8	9
532 ⇨			

489 ◯ 532

2

	백의 자리	십의 자리	일의 자리
270 ⇨	2	7	0
267 ⇨			

270 ◯ 267

3

	백의 자리	십의 자리	일의 자리
708 ⇨	7	0	8
711 ⇨			

708 ◯ 711

4

	백의 자리	십의 자리	일의 자리
848 ⇨	8	4	8
846 ⇨			

848 ◯ 846

○ 두 수의 크기를 비교하여 ◯ 안에 > 또는 <를 알맞게 써넣으시오.

5 519 ◯ 819

6 607 ◯ 670

7 740 ◯ 720

8 156 ◯ 165

9 264 ◯ 244

10 179 ◯ 197

11 832 ◯ 823

12 944 ◯ 943

13 358 ◯ 380

14 279 ◯ 902

15 500 ◯ 482

16 725 ◯ 747

17 885 ◯ 858

18 184 ◯ 248

19 677 ◯ 766

20 158 ◯ 154

21 563 ◯ 365

22 241 ◯ 245

23 935 ◯ 953

24 798 ◯ 789

25 467 ◯ 647

○ 빈칸에 알맞은 숫자를 써넣고, 가장 큰 수와 가장 작은 수를 각각 찾아 써 보시오.

①

	백의 자리	십의 자리	일의 자리
621 ⇨	6	2	1
596 ⇨			
469 ⇨			

가장 큰 수 (　　　　　)
가장 작은 수 (　　　　　)

②

	백의 자리	십의 자리	일의 자리
375 ⇨	3	7	5
167 ⇨			
262 ⇨			

가장 큰 수 (　　　　　)
가장 작은 수 (　　　　　)

③

	백의 자리	십의 자리	일의 자리
487 ⇨	4	8	7
532 ⇨			
528 ⇨			

가장 큰 수 (　　　　　)
가장 작은 수 (　　　　　)

④

	백의 자리	십의 자리	일의 자리
343 ⇨	3	4	3
433 ⇨			
329 ⇨			

가장 큰 수 (　　　　　)
가장 작은 수 (　　　　　)

⑤

	백의 자리	십의 자리	일의 자리
665 ⇨	6	6	5
598 ⇨			
669 ⇨			

가장 큰 수 (　　　　　)
가장 작은 수 (　　　　　)

⑥

	백의 자리	십의 자리	일의 자리
853 ⇨	8	5	3
870 ⇨			
807 ⇨			

가장 큰 수 (　　　　　)
가장 작은 수 (　　　　　)

○ 가장 큰 수와 가장 작은 수를 각각 찾아 써 보시오.

❼
| 436 | 643 | 346 |

가장 큰 수 (   )
가장 작은 수 (   )

⓫
| 818 | 831 | 891 |

가장 큰 수 (   )
가장 작은 수 (   )

❽
| 581 | 738 | 821 |

가장 큰 수 (   )
가장 작은 수 (   )

⓬
| 276 | 272 | 279 |

가장 큰 수 (   )
가장 작은 수 (   )

❾
| 339 | 503 | 393 |

가장 큰 수 (   )
가장 작은 수 (   )

⓭
| 117 | 108 | 113 |

가장 큰 수 (   )
가장 작은 수 (   )

❿
| 746 | 698 | 744 |

가장 큰 수 (   )
가장 작은 수 (   )

⓮
| 975 | 978 | 973 |

가장 큰 수 (   )
가장 작은 수 (   )

○ ☐ 안에 알맞은 수를 써넣으시오.

1 이백 ⇨ ☐

2 삼백십칠 ⇨ ☐

3 오백사십일 ⇨ ☐

○ ☐ 안에 알맞은 수를 써넣으시오.

4 100이 4개인 수 ⇨ ☐

5 97보다 3만큼 더 큰 수 ⇨ ☐

6 999보다 1만큼 더 큰 수 ⇨ ☐

○ 수 모형이 나타내는 수를 쓰고 바르게 읽은 것에 ◯표 하시오.

7

☐

⇨ (백사십오 , 백사십육)

8

☐

⇨ (이백구십삼 , 이백육십삼)

○ 주어진 수를 보고 빈칸에 알맞은 숫자를 써넣으시오.

9

692

백의 자리	십의 자리	일의 자리

10

457

백의 자리	십의 자리	일의 자리

정답 · 4쪽

○ 빈칸에 밑줄 친 숫자가 나타내는 값을 써넣으시오.

11
| 349 | |

12
| 821 | |

○ 뛰어 세는 규칙을 찾아 빈칸에 알맞은 수를 써넣으시오.

13

| 419 | | |

| | 422 | 423 | |

14

| 877 | 887 | |

| | 917 | |

15

| 185 | | 385 |

| | | 685 |

○ 두 수의 크기를 비교하여 ○ 안에 > 또는 < 를 알맞게 써넣으시오.

16　911 ◯ 119

17　475 ◯ 480

18　736 ◯ 734

○ 가장 큰 수와 가장 작은 수를 각각 찾아 써 보시오.

19
| 657 | 596 | 679 |

가장 큰 수 (　　　　　　)
가장 작은 수 (　　　　　　)

20
| 548 | 584 | 545 |

가장 큰 수 (　　　　　　)
가장 작은 수 (　　　　　　)

1단원의 연산 실력을 보충하고 싶다면 **클리닉 북 1~5쪽**을 풀어 보세요.

여러 가지 도형

학습 내용	학습 회차	걸린 시간
① 삼각형	1일 차	/5분
② 사각형	2일 차	/5분
③ 원	3일 차	/5분
④ 칠교판으로 모양 만들기	4일 차	/5분
⑤ 쌓은 모양 알아보기	5일 차	/5분
⑥ 여러 가지 모양으로 쌓기	6일 차	/6분
평가 2. 여러 가지 도형	7일 차	/11분

기초력 상승!

헛 둘! 헛 둘!

나는 변 3개, 꼭짓점 3개로 이루어져 있는 삼각형이야.

꼭짓점

변 변

삼각형

곧은 선이야!

꼭짓점 변 꼭짓점

● 삼각형

변

꼭짓점

• 곧은 선 3개로 둘러싸여 있습니다.
• 삼각형은 변이 3개입니다.
• 삼각형은 꼭짓점이 3개입니다.

○ 삼각형을 찾아 ◯표 하시오.

1
  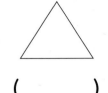

( ) ( ) ( )

2
 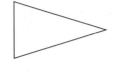 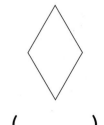

( ) ( ) ( )

3
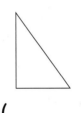 

( ) ( ) ( )

4
 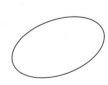 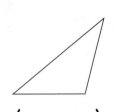

( ) ( ) ( )

5

( ) ( ) ( )

◎ 삼각형이면 ◯표, 삼각형이 <u>아니면</u> ✕표 하시오.

6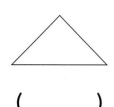
( )

11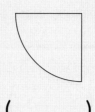
( )

16
( )

7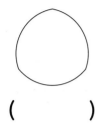
( )

12
( )

17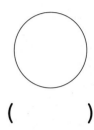
( )

8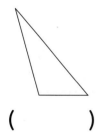
( )

13
( )

18
( )

9
( )

14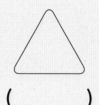
( )

19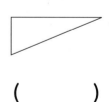
( )

10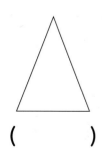
( )

15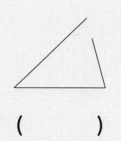
( )

20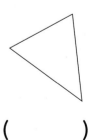
( )

나는 변 4개, 꼭짓점 4개로
이루어져 있는 **사각형**이야.

꼭짓점   변   꼭짓점

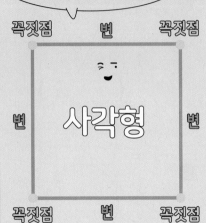

변   **사각형**   변

꼭짓점   변   꼭짓점

● 사각형

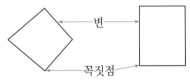

변

꼭짓점

• 곧은 선 4개로 둘러싸여 있습니다.
• 사각형은 변이 4개입니다.
• 사각형은 꼭짓점이 4개입니다.

○ 사각형을 찾아 ◯표 하시오.

❶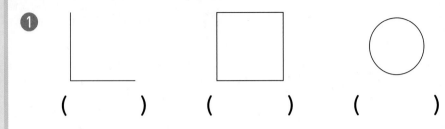

(   )   (   )   (   )

❷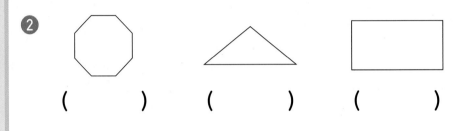

(   )   (   )   (   )

❸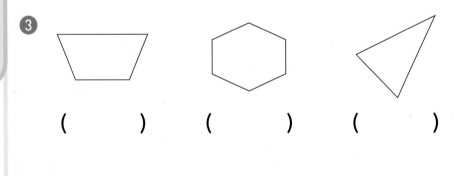

(   )   (   )   (   )

❹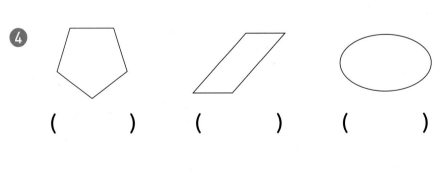

(   )   (   )   (   )

❺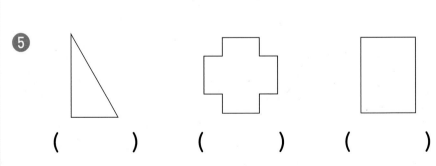

(   )   (   )   (   )

○ 사각형이면 ◯표, 사각형이 아니면 ✕표 하시오.

6

(   )

11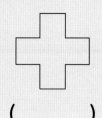

(   )

16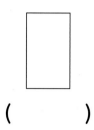

(   )

7

(   )

12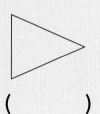

(   )

17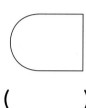

(   )

8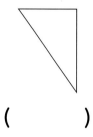

(   )

13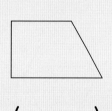

(   )

18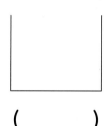

(   )

9

(   )

14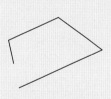

(   )

19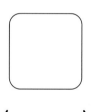

(   )

10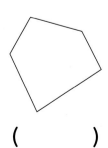

(   )

15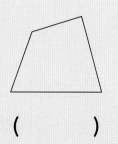

(   )

20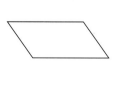

(   )

나는 어느 쪽에서 보아도
똑같이 둥그란 모양인 원이야.

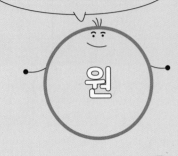

원

나 원은 뾰족한
부분이 없어.

● 원

- 뾰족한 부분이 없습니다.
- 곧은 선이 없고, 굽은 선으로 이루어져 있습니다.
- 길쭉하거나 찌그러진 곳 없이 어느 쪽에서 보아도 똑같이 동그란 모양입니다.
- 크기는 다르지만 생긴 모양이 서로 같습니다.

○ 원을 찾아 ◯표 하시오.

①

(   )   (   )   (   )

②

  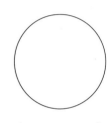

(   )   (   )   (   )

③

(   )   (   )   (   )

④

  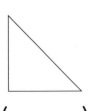

(   )   (   )   (   )

⑤

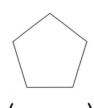 

(   )   (   )   (   )

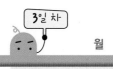
○ 원이면 ◯표, 원이 아니면 ✕표 하시오.

⑥
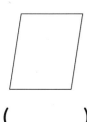
(   )

⑪
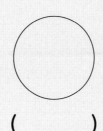
(   )

⑯

(   )

⑦
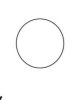
(   )

⑫
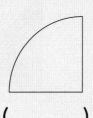
(   )

⑰

(   )

⑧
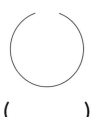
(   )

⑬

(   )

⑱
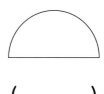
(   )

⑨

(   )

⑭
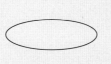
(   )

⑲
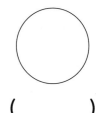
(   )

⑩

(   )

⑮
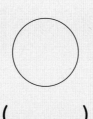
(   )

⑳

(   )

난 칠교판이야.

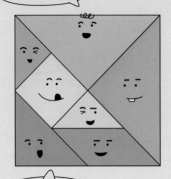

칠교판에는 삼각형 모양 조각이 5개, 사각형 모양 조각이 2개 있어!

● **칠교판으로 모양 만들기**

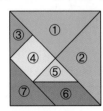

- 칠교판 조각 수 ⇨ 7개
- 삼각형: ①, ②, ③, ⑤, ⑦
  ⇨ 5개
- 사각형: ④, ⑥ ⇨ 2개
- 칠교판 조각을 이용하여 삼각형 과 사각형을 만들 수 있습니다.

⇩

〈삼각형〉   〈사각형〉

○ 칠교판 조각을 이용하여 다음 도형을 만들어 보시오.

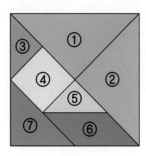

1

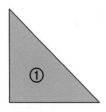

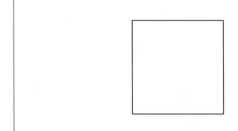

2

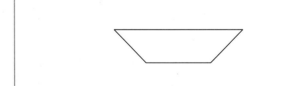

3

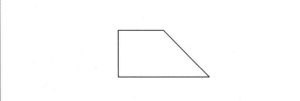

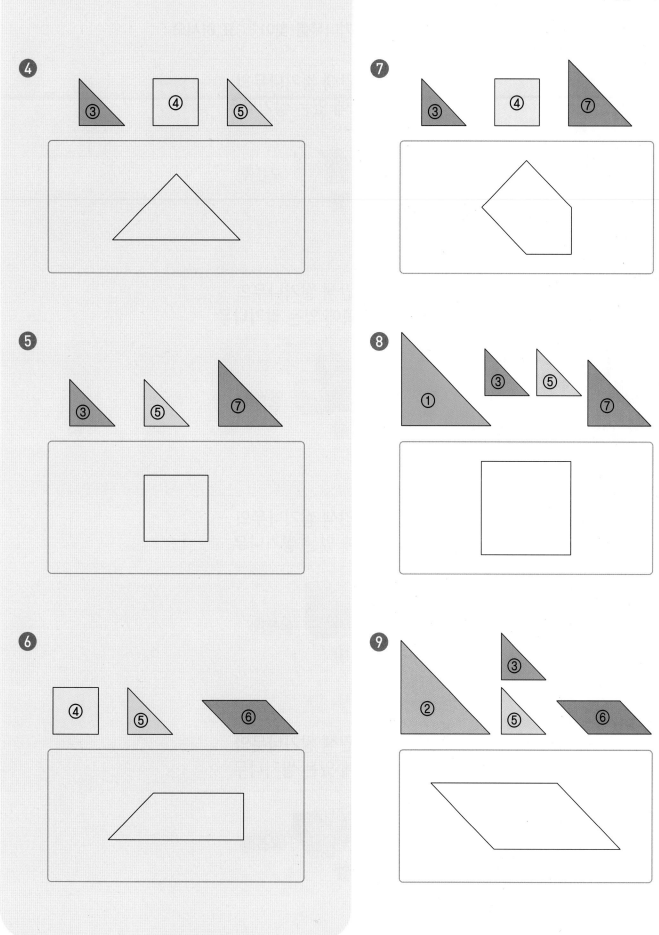

5 쌓은 모양 알아보기

나처럼 쌓는 방법을 설명해 봐!

빨간색 쌓기나무의 오른쪽에 쌓기나무 1개를 놓고,

빨간색 쌓기나무의 위에 쌓기나무 1개를 더 놓으면 돼!

● 쌓은 모양을 설명하는 말 알아 보기

쌓기나무의 방향을 설명할 때 **내 앞**에 있는 쪽을 **앞쪽**(반대쪽은 **뒤쪽**), 오른손 쪽은 **오른쪽**, 왼손 쪽은 **왼쪽**으로 나타냅니다.

예 쌓은 모양 설명하기

• 빨간색 쌓기나무가 1개 있습니다.
• 빨간색 쌓기나무의 왼쪽에 쌓기나무 2개가 있습니다.
• 빨간색 쌓기나무의 위에 쌓기나무 1개가 있습니다.

○ 설명하는 쌓기나무를 찾아 ◯표 하시오.

1 빨간색 쌓기나무의 왼쪽에 있는 쌓기나무

2 빨간색 쌓기나무의 오른쪽에 있는 쌓기나무

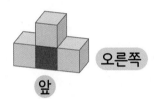

3 빨간색 쌓기나무의 위에 있는 쌓기나무

4 빨간색 쌓기나무의 앞에 있는 쌓기나무

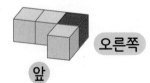

5 빨간색 쌓기나무의 왼쪽에 있는 쌓기나무

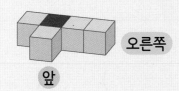

오른쪽

앞

6 빨간색 쌓기나무의 위에 있는 쌓기나무

오른쪽

앞

7 빨간색 쌓기나무의 오른쪽에 있는 쌓기나무

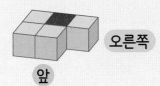

오른쪽

앞

8 빨간색 쌓기나무의 아래에 있는 쌓기나무

오른쪽

앞

9 빨간색 쌓기나무의 앞에 있는 쌓기나무

오른쪽

앞

10 빨간색 쌓기나무의 위에 있는 쌓기나무

오른쪽

앞

11 빨간색 쌓기나무의 오른쪽에 있는 쌓기나무

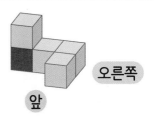

오른쪽

앞

12 빨간색 쌓기나무의 뒤에 있는 쌓기나무

오른쪽

앞

쌓기나무 4개로 여러 가지 모양을 만들어 봐!

나도 4개로 만든 모양!

나도 4개로 만든 모양!

● 쌓기나무 5개로 여러 가지 모양을 만들고 만든 모양 설명하기

오른쪽

앞

⇨ 쌓기나무 3개가 옆으로 나란히 있고, 맨 왼쪽과 가운데 쌓기나무의 뒤에 쌓기나무가 1개씩 있습니다.

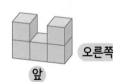

오른쪽

앞

⇨ 쌓기나무 3개가 옆으로 나란히 있고, 맨 왼쪽과 맨 오른쪽 쌓기나무의 위에 쌓기나무가 1개씩 있습니다.

○ 주어진 쌓기나무의 수로 만든 모양을 찾아 ◯표 하시오.

❶
3개

　　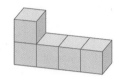　　

(　　　)　　(　　　)　　(　　　)

❷
4개

(　　　)　　(　　　)　　(　　　)

❸
5개

　　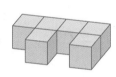　　

(　　　)　　(　　　)　　(　　　)

❹
5개

(　　　)　　(　　　)　　(　　　)

○ 설명대로 쌓은 모양을 찾아 ◯표 하시오.

5

쌓기나무 3개가 옆으로 나란히 있고, 맨 오른쪽 쌓기나무의 앞에 쌓기나무 1개가 있습니다.

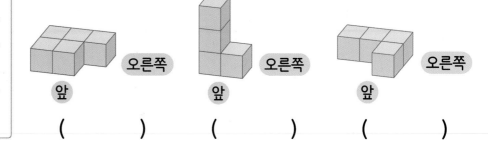

(　　)　　(　　)　　(　　)

6

쌓기나무 4개가 옆으로 나란히 있고, 맨 왼쪽 쌓기나무의 위에 쌓기나무 1개가 있습니다.

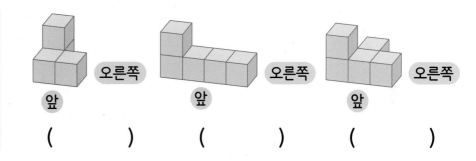

(　　)　　(　　)　　(　　)

7

쌓기나무 3개가 옆으로 나란히 있고, 맨 오른쪽 쌓기나무의 위에 쌓기나무 2개가 있습니다.

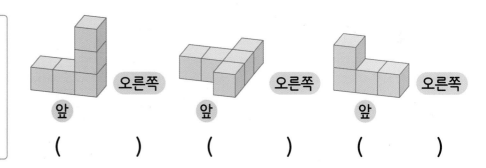

(　　)　　(　　)　　(　　)

8

쌓기나무 3개가 옆으로 나란히 있고, 가운데 쌓기나무의 앞과 뒤에 쌓기나무가 1개씩 있습니다.

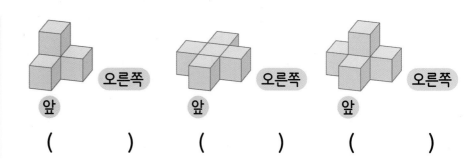

(　　)　　(　　)　　(　　)

○ 삼각형이면 ◯표, 사각형이면 □표 하시오.

1

(   )

2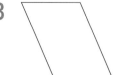

(   )

3

(   )

4

(   )

○ 원이면 ◯표, 원이 <u>아니면</u> ✕표 하시오.

5

(   )

6

(   )

○ 칠교판 조각을 이용하여 다음 도형을 만들어 보시오.

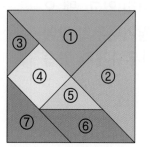

7

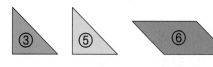

8

9

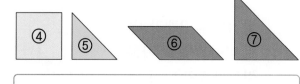

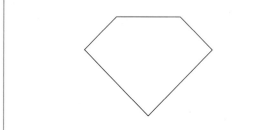

○ 설명하는 쌓기나무를 찾아 ◯표 하시오.

10

| 빨간색 쌓기나무의 앞에 있는 쌓기나무 |

11

| 빨간색 쌓기나무의 왼쪽에 있는 쌓기나무 |

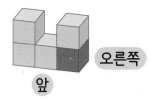

12

| 빨간색 쌓기나무의 오른쪽에 있는 쌓기나무 |

13

| 빨간색 쌓기나무의 뒤에 있는 쌓기나무 |

○ 설명대로 쌓은 모양에 ◯표 하시오.

14

| 쌓기나무 3개가 옆으로 나란히 있고, 가운데 쌓기나무의 뒤에 쌓기나무 1개가 있습니다. |

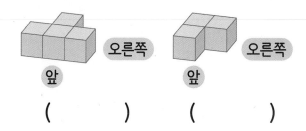

(   )   (   )

15

| 쌓기나무 2개가 옆으로 나란히 있고, 오른쪽 쌓기나무의 위에 쌓기나무 2개가 있습니다. |

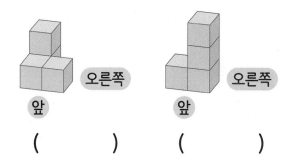

(   )   (   )

16

| 쌓기나무 2개가 옆으로 나란히 있고, 오른쪽 쌓기나무의 앞과 위에 쌓기나무가 1개씩 있습니다. |

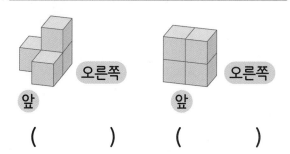

(   )   (   )

2단원의 연산 실력을 보충하고 싶다면 **클리닉 북 7~12쪽**을 풀어 보세요.

덧셈과 뺄셈

학습 내용	학습 회차	걸린 시간
1 일의 자리에서 받아올림이 있는 (두 자리 수) + (한 자리 수)	1일 차	/6분
	2일 차	/9분
2 일의 자리에서 받아올림이 있는 (두 자리 수) + (두 자리 수)	3일 차	/8분
	4일 차	/14분
1 ~ 2 다르게 풀기	5일 차	/8분
3 십의 자리에서 받아올림이 있는 (두 자리 수) + (두 자리 수)	6일 차	/8분
	7일 차	/14분
4 받아올림이 두 번 있는 (두 자리 수) + (두 자리 수)	8일 차	/8분
	9일 차	/14분
비법 강의 수 감각을 키우면 빨라지는 계산 비법	10일 차	/5분
비법 강의 수 감각을 키우면 빨라지는 계산 비법	11일 차	/6분
3 ~ 4 다르게 풀기	12일 차	/9분
5 받아내림이 있는 (두 자리 수) - (한 자리 수)	13일 차	/6분
	14일 차	/9분
6 받아내림이 있는 (몇십) - (몇십몇)	15일 차	/8분
	16일 차	/14분
7 받아내림이 있는 (두 자리 수) - (두 자리 수)	17일 차	/8분
	18일 차	/14분
비법 강의 수 감각을 키우면 빨라지는 계산 비법	19일 차	/6분
비법 강의 수 감각을 키우면 빨라지는 계산 비법	20일 차	/6분
5 ~ 7 다르게 풀기	21일 차	/9분
8 세 수의 덧셈	22일 차	/7분
	23일 차	/9분
9 세 수의 뺄셈	24일 차	/7분
	25일 차	/9분
10 세 수의 덧셈과 뺄셈	26일 차	/5분
	27일 차	/9분
8 ~ 10 다르게 풀기	28일 차	/9분
11 덧셈과 뺄셈의 관계	29일 차	/7분
	30일 차	/9분
12 덧셈식에서 □의 값 구하기	31일 차	/4분
	32일 차	/9분
13 뺄셈식에서 □의 값 구하기	33일 차	/4분
	34일 차	/9분
11 ~ 13 다르게 풀기	35일 차	/9분
평가 3. 덧셈과 뺄셈	36일 차	/13분

일의 자리에서 받아올림이 있는 (두 자리 수)+(한 자리 수)

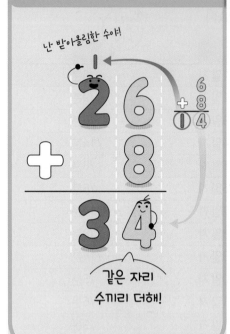

난 받아올림한 수야!

같은 자리 수끼리 더해!

• 일의 자리에서 받아올림이 있는 (두 자리 수)+(한 자리 수)

① 일의 자리 수끼리의 합 14에서 10은 십의 자리로 받아올림 하여 십의 자리 위에 작게 1로 나타내고, 남은 4는 일의 자리에 내려 씁니다.

② 받아올림한 수는 십의 자리 수와 더합니다.

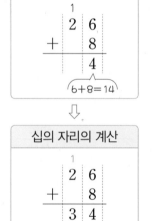

○ 계산해 보시오.

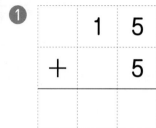

①

	1	5
+		5

②

	1	9
+		3

③

	2	5
+		8

④

	2	7
+		4

⑤

	3	3
+		7

⑥

	4	8
+		2

⑦

	5	5
+		6

⑧

	6	9
+		1

⑨

	7	8
+		4

⑩

	8	4
+		9

⑪ 16＋9＝

⑮ 38＋9＝

⑲ 67＋5＝

⑫ 18＋8＝

⑯ 43＋8＝

⑳ 74＋6＝

⑬ 24＋7＝

⑰ 46＋7＝

㉑ 79＋9＝

⑭ 29＋6＝

⑱ 59＋2＝

㉒ 86＋6＝

○ 계산해 보시오.

①
```
   1 3
+    7
```

②
```
   1 4
+    9
```

③
```
   1 7
+    7
```

④
```
   2 6
+    6
```

⑤
```
   2 8
+    5
```

⑥
```
   3 4
+    8
```

⑦
```
   3 9
+    3
```

⑧
```
   4 4
+    7
```

⑨
```
   4 9
+    9
```

⑩
```
   5 4
+    6
```

⑪
```
   5 6
+    5
```

⑫
```
   5 8
+    9
```

⑬
```
   6 2
+    9
```

⑭
```
   6 7
+    5
```

⑮
```
   7 5
+    6
```

⑯
```
   7 8
+    8
```

⑰
```
   8 5
+    9
```

⑱
```
   8 7
+    8
```

⑲ 11＋9＝

⑳ 16＋7＝

㉑ 25＋5＝

㉒ 27＋8＝

㉓ 29＋4＝

㉔ 37＋9＝

㉕ 38＋6＝

㉖ 39＋2＝

㉗ 47＋4＝

㉘ 48＋7＝

㉙ 55＋8＝

㉚ 57＋3＝

㉛ 59＋8＝

㉜ 63＋8＝

㉝ 69＋5＝

㉞ 72＋8＝

㉟ 76＋8＝

㊱ 77＋6＝

㊲ 85＋7＝

㊳ 88＋3＝

㊴ 89＋6＝

○ 계산해 보시오.

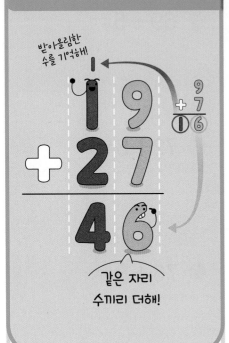

● 일의 자리에서 받아올림이 있는
(두 자리 수)+(두 자리 수)

일의 자리 수끼리의 합이 10이
거나 10보다 크면 십의 자리로
받아올림하고, 받아올림한 수는
십의 자리 수와 더합니다.

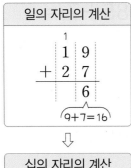

①
```
    1 6
+   1 4
```

②
```
    1 8
+   3 3
```

③
```
    1 9
+   2 4
```

④
```
    2 2
+   4 9
```

⑤
```
    2 5
+   5 5
```

⑥
```
    3 7
+   1 7
```

⑦
```
    4 4
+   1 8
```

⑧
```
    4 9
+   4 1
```

⑨
```
    5 4
+   3 9
```

⑩
```
    6 5
+   2 7
```

⑪ 14＋58＝

⑮ 32＋48＝

⑲ 59＋13＝

⑫ 17＋76＝

⑯ 38＋39＝

⑳ 63＋17＝

⑬ 23＋69＝

⑰ 46＋27＝

㉑ 66＋25＝

⑭ 26＋38＝

⑱ 48＋35＝

㉒ 72＋19＝

○ 계산해 보시오.

❶
```
    1 2
  + 1 9
```

❷
```
    1 6
  + 2 8
```

❸
```
    1 9
  + 5 7
```

❹
```
    2 4
  + 3 6
```

❺
```
    2 8
  + 4 5
```

❻
```
    2 9
  + 5 9
```

❼
```
    3 4
  + 2 7
```

❽
```
    3 5
  + 3 8
```

❾
```
    3 9
  + 5 2
```

❿
```
    4 3
  + 1 9
```

⓫
```
    4 5
  + 3 6
```

⓬
```
    4 7
  + 2 8
```

⓭
```
    5 1
  + 3 9
```

⓮
```
    5 8
  + 2 3
```

⓯
```
    6 7
  + 1 6
```

⓰
```
    6 8
  + 2 5
```

⓱
```
    7 6
  + 1 8
```

⓲
```
    7 9
  + 1 4
```

⑲ 13+47=

⑳ 14+38=

㉑ 15+66=

㉒ 18+54=

㉓ 24+19=

㉔ 25+37=

㉕ 27+56=

㉖ 29+63=

㉗ 36+19=

㉘ 37+47=

㉙ 38+35=

㉚ 45+15=

㉛ 46+48=

㉜ 49+24=

㉝ 53+19=

㉞ 57+24=

㉟ 58+37=

㊱ 62+18=

㊲ 69+26=

㊳ 73+18=

㊴ 77+15=

○ 빈칸에 알맞은 수를 써넣으시오.

❶
+4

18 → ☐

• 18+4를
계산해요.

❷
+35

25 → ☐

❸
+2

29 → ☐

❹
+19

41 → ☐

❺
+5

58 → ☐

❻
+29

63 → ☐

❼
+17

77 → ☐

❽
+7

86 → ☐

9 26 → +14 →

└─●26+14를 계산해요.

13 57 → +8 →

10 28 → +9 →

14 64 → +29 →

11 33 → +38 →

15 75 → +9 →

12 45 → +7 →

16 79 → +16 →

문장제 속 연산

17 운동장에 남학생이 37명, 여학생이 44명 있습니다. 운동장에 있는 학생은 모두 몇 명인지 구해 보시오.

[   ] + [   ] = [   ] (명)

운동장에 있는   운동장에 있는   운동장에 있는
남학생 수   여학생 수   전체 학생 수

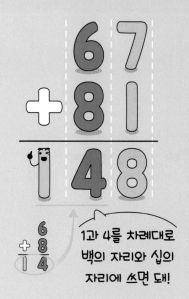

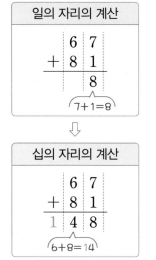

● 십의 자리에서 받아올림이 있는 (두 자리 수)+(두 자리 수)

십의 자리 수끼리의 합이 10이거나 10보다 크면 백의 자리로 받아올림합니다.

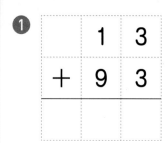

○ 계산해 보시오.

①

```
    1 3
+   9 3
```

②

```
    2 5
+   9 2
```

③

```
    3 6
+   8 3
```

④

```
    4 1
+   9 4
```

⑤

```
    4 2
+   6 6
```

⑥

```
    5 4
+   9 4
```

⑦

```
    6 1
+   7 5
```

⑧

```
    6 7
+   5 2
```

⑨

```
    7 4
+   7 3
```

⑩

```
    8 6
+   4 1
```

⑪ 16＋92＝

⑮ 45＋71＝

⑲ 76＋93＝

⑫ 24＋85＝

⑯ 53＋92＝

⑳ 81＋67＝

⑬ 32＋72＝

⑰ 51＋63＝

㉑ 85＋23＝

⑭ 33＋95＝

⑱ 64＋62＝

㉒ 98＋51＝

○ 계산해 보시오.

①
```
    1 2
+   9 2
```

②
```
    2 3
+   8 3
```

③
```
    3 1
+   9 1
```

④
```
    4 3
+   7 5
```

⑤
```
    4 8
+   8 1
```

⑥
```
    5 4
+   5 5
```

⑦
```
    5 7
+   7 2
```

⑧
```
    6 2
+   8 4
```

⑨
```
    6 3
+   7 6
```

⑩
```
    7 2
+   8 5
```

⑪
```
    7 3
+   3 2
```

⑫
```
    7 7
+   6 1
```

⑬
```
    8 1
+   9 5
```

⑭
```
    8 4
+   3 3
```

⑮
```
    8 6
+   7 2
```

⑯
```
    9 2
+   6 1
```

⑰
```
    9 5
+   1 4
```

⑱
```
    9 6
+   4 3
```

⑲ 13+93=

⑳ 22+94=

㉑ 35+82=

㉒ 38+71=

㉓ 44+94=

㉔ 47+72=

㉕ 51+71=

㉖ 52+63=

㉗ 55+84=

㉘ 61+58=

㉙ 62+45=

㉚ 66+93=

㉛ 71+47=

㉜ 74+52=

㉝ 75+63=

㉞ 83+51=

㉟ 84+85=

㊱ 86+22=

㊲ 91+23=

㊳ 93+74=

㊴ 94+91=

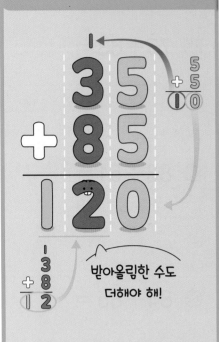

● 받아올림이 두 번 있는
(두 자리 수)+(두 자리 수)

① 일의 자리 수끼리의 합이 10이
거나 10보다 크면 십의 자리로
받아올림합니다.

② 십의 자리 수끼리의 합이 10이
거나 10보다 크면 백의 자리로
받아올림합니다.

일의 자리의 계산

```
      1
    3 5
  + 8 5
      0
 ⌣5+5=10
```

십의 자리의 계산

```
      1
    3 5
  + 8 5
  1 2 0
 ⌣1+3+8=12
```

○ 계산해 보시오.

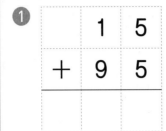

①
```
    1 5
  + 9 5
```

②
```
    2 4
  + 8 7
```

③
```
    3 9
  + 9 3
```

④
```
    4 7
  + 5 5
```

⑤
```
    4 8
  + 7 6
```

⑥
```
    5 9
  + 8 2
```

⑦
```
    6 3
  + 6 8
```

⑧
```
    6 7
  + 9 6
```

⑨
```
    7 3
  + 5 7
```

⑩
```
    9 8
  + 3 4
```

⑪ 18＋87＝

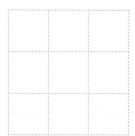

⑮ 49＋69＝

⑲ 79＋74＝

⑫ 23＋98＝

⑯ 57＋96＝

⑳ 85＋48＝

⑬ 36＋76＝

⑰ 62＋49＝

㉑ 86＋69＝

⑭ 39＋82＝

⑱ 66＋88＝

㉒ 94＋56＝

○ 계산해 보시오.

①
```
   1 2
+  8 8
```

②
```
   2 7
+  9 5
```

③
```
   3 4
+  6 6
```

④
```
   4 4
+  9 8
```

⑤
```
   4 6
+  7 9
```

⑥
```
   5 1
+  5 9
```

⑦
```
   5 8
+  9 3
```

⑧
```
   6 4
+  5 7
```

⑨
```
   6 8
+  6 4
```

⑩
```
   7 2
+  6 8
```

⑪
```
   7 5
+  4 9
```

⑫
```
   7 7
+  8 6
```

⑬
```
   8 4
+  5 9
```

⑭
```
   8 6
+  7 5
```

⑮
```
   8 8
+  3 6
```

⑯
```
   9 3
+  2 8
```

⑰
```
   9 5
+  8 7
```

⑱
```
   9 9
+  6 9
```

⑲ 14+99＝

⑳ 25+89＝

㉑ 37+98＝

㉒ 38+73＝

㉓ 43+69＝

㉔ 49+86＝

㉕ 52+79＝

㉖ 56+47＝

㉗ 57+93＝

㉘ 61+59＝

㉙ 65+89＝

㉚ 69+68＝

㉛ 73+77＝

㉜ 74+29＝

㉝ 78+34＝

㉞ 82+58＝

㉟ 86+65＝

㊱ 89+84＝

㊲ 95+45＝

㊳ 97+96＝

㊴ 98+77＝

➕➖✖️➗ **19+34**를 여러 가지 방법으로 덧셈하기

방법1 십의 자리 수끼리, 일의 자리 수끼리 더하기

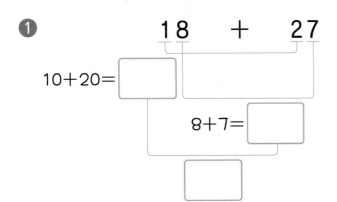

① 10+30=40

② 9+4=13

③ 40+13=53

방법2 더하는 수의 십의 자리 수를 먼저 더한 후 일의 자리 수 더하기

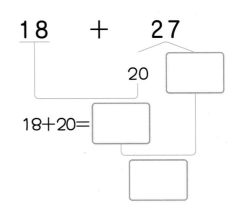

① 30 4

② 19+30=49

③ 49+4=53

○ 여러 가지 방법으로 덧셈을 하려고 합니다. ☐ 안에 알맞은 수를 써넣으시오.

❶ 18 + 27

10+20=☐

8+7=☐

☐

18 + 27

20

18+20=☐

☐

❷ 26 + 35

☐

☐

☐

26 + 35

30

☐

☐

o 여러 가지 방법으로 덧셈을 하려고 합니다. ☐ 안에 알맞은 수를 써넣으시오.

3 $15+19=10+5+\boxed{}+9$

$=10+\boxed{}+5+9$

$=\boxed{}+14=\boxed{}$

$15+19=15+\boxed{}+9$

$=\boxed{}+9$

$=\boxed{}$

4 $34+37=30+\boxed{}+30+7$

$=30+30+\boxed{}+7$

$=60+\boxed{}=\boxed{}$

$34+37=34+\boxed{}+7$

$=\boxed{}+7$

$=\boxed{}$

5 $46+38=\boxed{}+6+30+8$

$=\boxed{}+30+6+8$

$=\boxed{}+14=\boxed{}$

$46+38=46+\boxed{}+8$

$=\boxed{}+8$

$=\boxed{}$

6 $78+14=70+8+10+\boxed{}$

$=70+10+8+\boxed{}$

$=80+\boxed{}=\boxed{}$

$78+14=78+\boxed{}+4$

$=\boxed{}+4$

$=\boxed{}$

+-×÷ **13+29를 여러 가지 방법으로 덧셈하기**

방법1 두 수 중 몇십에 가까운 수를 몇십으로 만들어 더하기

$$13 \quad + \quad 29$$
① 12 1
② $1+29=30$
③ $12+30=42$

방법2 두 수 중 몇십에 가까운 수를 (몇십)−(몇)으로 바꾼 후 더하기

$$13 \quad + \quad 29$$
① $\|$
30−1
② $13+30=43$
③ $43-1=42$

○ **여러 가지 방법으로 덧셈을 하려고 합니다. ☐ 안에 알맞은 수를 써넣으시오.**

❶

$$14 \quad + \quad 17$$
11
$3+17=$

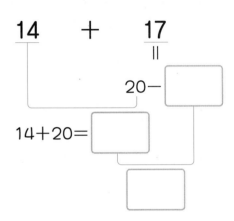

$$14 \quad + \quad 17$$
$\|$
20−
$14+20=$

❷

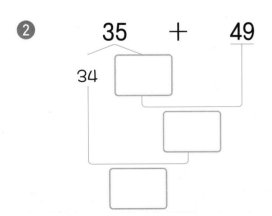

$$35 \quad + \quad 49$$
34

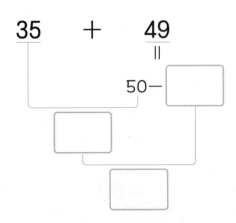

$$35 \quad + \quad 49$$
$\|$
50−

3단원

정답 • 10쪽

○ 여러 가지 방법으로 덧셈을 하려고 합니다. ☐ 안에 알맞은 수를 써넣으시오.

❸ 13＋28＝11＋☐＋28   13＋28＝13＋30－☐

    ＝11＋☐＝☐   ＝43－☐＝☐

❹ 15＋17＝12＋☐＋17   15＋17＝15＋20－☐

    ＝12＋☐＝☐   ＝35－☐＝☐

❺ 22＋69＝21＋☐＋69   22＋69＝22＋70－☐

    ＝21＋☐＝☐   ＝92－☐＝☐

❻ 37＋29＝36＋☐＋29   37＋29＝37＋☐－1

    ＝36＋☐＝☐   ＝☐－1＝☐

❼ 55＋16＝51＋☐＋16   55＋16＝55＋☐－4

    ＝51＋☐＝☐   ＝☐－4＝☐

○ 빈칸에 알맞은 수를 써넣으시오.

❶

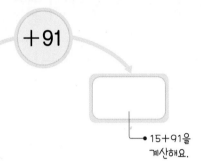

15 ＋91 →

● 15＋91을
계산해요.

❷

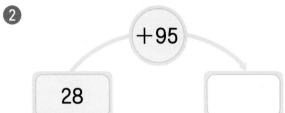

28 ＋95 →

❸

37 ＋74 →

❹

46 ＋82 →

❺

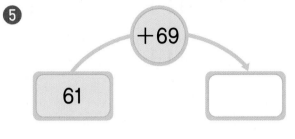

61 ＋69 →

❻

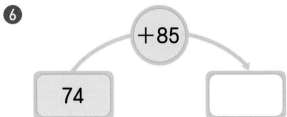

74 ＋85 →

❼

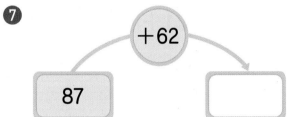

87 ＋62 →

❽

91 ＋84 →

9　34 ➡ +82 ➡ ⬜
└ 34+82를 계산해요.

13　71 ➡ +89 ➡ ⬜

10　49 ➡ +57 ➡ ⬜

14　84 ➡ +81 ➡ ⬜

11　53 ➡ +65 ➡ ⬜

15　92 ➡ +76 ➡ ⬜

12　68 ➡ +53 ➡ ⬜

16　96 ➡ +88 ➡ ⬜

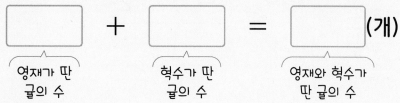

문장제 속 연산

17 귤 농장에서 귤을 영재는 78개 땄고, 혁수는 59개 땄습니다.
영재와 혁수가 딴 귤은 모두 몇 개인지 구해 보시오.

⬜ + ⬜ = ⬜ (개)

영재가 딴　　혁수가 딴　　영재와 혁수가
귤의 수　　　귤의 수　　　딴 귤의 수

3. 덧셈과 뺄셈 • **71**

2−7은 계산할 수
없으니까 십의 자리에서
10을 받아내림해!

● 받아내림이 있는
 (두 자리 수)−(한 자리 수)

① 2−7을 계산할 수 없으므로
십의 자리 수 3을 지우고 위에
2를 작게 쓴 다음 일의 자리
위에 10을 작게 쓰고, 12에서
7을 뺀 5를 일의 자리에 내려
씁니다.

② 십의 자리에 남아 있는 2를
십의 자리에 내려 씁니다.

```
일의 자리의 계산
        2  10
     3̸   2
  −     7
        5
   10+2−7=5
```
⇩
```
십의 자리의 계산
        2  10
     3̸   2
  −     7
     2  5
   3−1=2
```

○ 계산해 보시오.

①
```
   1 2
 −   8
```

②
```
   2 0
 −   5
```

③
```
   2 5
 −   7
```

④
```
   3 7
 −   9
```

⑤
```
   4 1
 −   2
```

⑥
```
   5 2
 −   3
```

⑦
```
   6 3
 −   4
```

⑧
```
   7 0
 −   5
```

⑨
```
   8 3
 −   6
```

⑩
```
   9 2
 −   4
```

⑪ 14-6=

⑮ 46-8=

⑲ 72-8=

⑫ 24-8=

⑯ 51-7=

⑳ 74-5=

⑬ 30-2=

⑰ 56-9=

㉑ 82-7=

⑭ 33-6=

⑱ 64-6=

㉒ 90-1=

○ 계산해 보시오.

1
```
  1 1
−   4
─────
```

2
```
  1 7
−   8
─────
```

3
```
  2 3
−   5
─────
```

4
```
  2 6
−   9
─────
```

5
```
  3 2
−   8
─────
```

6
```
  3 4
−   5
─────
```

7
```
  4 0
−   9
─────
```

8
```
  4 4
−   7
─────
```

9
```
  5 3
−   9
─────
```

10
```
  5 5
−   8
─────
```

11
```
  6 2
−   6
─────
```

12
```
  6 6
−   7
─────
```

13
```
  7 1
−   5
─────
```

14
```
  7 7
−   9
─────
```

15
```
  8 0
−   6
─────
```

16
```
  8 4
−   8
─────
```

17
```
  9 3
−   6
─────
```

18
```
  9 5
−   9
─────
```

⑲ 13−7=

⑳ 15−6=

㉑ 21−2=

㉒ 22−4=

㉓ 31−6=

㉔ 36−8=

㉕ 38−9=

㉖ 42−5=

㉗ 47−9=

㉘ 50−7=

㉙ 52−3=

㉚ 54−9=

㉛ 63−4=

㉜ 67−8=

㉝ 72−7=

㉞ 73−9=

㉟ 75−8=

㊱ 81−8=

㊲ 85−7=

㊳ 94−6=

㊴ 96−9=

○ 계산해 보시오.

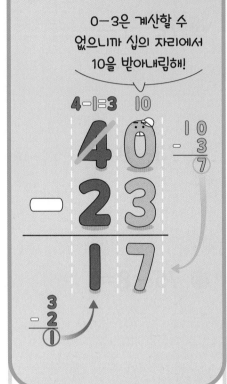

0-3은 계산할 수
없으니까 십의 자리에서
10을 받아내림해!

4-1=3 10

● 받아내림이 있는 (몇십)-(몇십몇)

0에서 몇을 뺄 수 없으므로 십의
자리에서 10을 받아내림하여 계산
합니다.

일의 자리의 계산

```
    3 10
    4  0
  - 2  3
       7
 (10+0-3=7)
```

⇩

십의 자리의 계산

```
    3 10
    4  0
  - 2  3
    1  7
  (4-1-2=1)
```

①

```
   2 0
 - 1 8
```

②

```
   3 0
 - 1 1
```

③

```
   3 0
 - 2 4
```

④

```
   4 0
 - 1 5
```

⑤

```
   4 0
 - 2 9
```

⑥

```
   5 0
 - 2 2
```

⑦

```
   6 0
 - 3 8
```

⑧

```
   7 0
 - 1 6
```

⑨

```
   8 0
 - 2 7
```

⑩

```
   9 0
 - 3 3
```

⑪ 30 − 12 =

⑫ 40 − 14 =

⑬ 40 − 27 =

⑭ 50 − 33 =

⑮ 60 − 11 =

⑯ 60 − 25 =

⑰ 70 − 24 =

⑱ 70 − 49 =

⑲ 80 − 18 =

⑳ 80 − 43 =

㉑ 80 − 57 =

㉒ 90 − 26 =

○ 계산해 보시오.

①
$$
\begin{array}{r}
2\ 0 \\
-\ 1\ 4 \\
\hline
\end{array}
$$

②
$$
\begin{array}{r}
3\ 0 \\
-\ 1\ 9 \\
\hline
\end{array}
$$

③
$$
\begin{array}{r}
3\ 0 \\
-\ 2\ 1 \\
\hline
\end{array}
$$

④
$$
\begin{array}{r}
4\ 0 \\
-\ 2\ 3 \\
\hline
\end{array}
$$

⑤
$$
\begin{array}{r}
4\ 0 \\
-\ 3\ 7 \\
\hline
\end{array}
$$

⑥
$$
\begin{array}{r}
5\ 0 \\
-\ 2\ 8 \\
\hline
\end{array}
$$

⑦
$$
\begin{array}{r}
5\ 0 \\
-\ 3\ 5 \\
\hline
\end{array}
$$

⑧
$$
\begin{array}{r}
6\ 0 \\
-\ 1\ 7 \\
\hline
\end{array}
$$

⑨
$$
\begin{array}{r}
6\ 0 \\
-\ 3\ 2 \\
\hline
\end{array}
$$

⑩
$$
\begin{array}{r}
6\ 0 \\
-\ 5\ 4 \\
\hline
\end{array}
$$

⑪
$$
\begin{array}{r}
7\ 0 \\
-\ 2\ 3 \\
\hline
\end{array}
$$

⑫
$$
\begin{array}{r}
7\ 0 \\
-\ 4\ 6 \\
\hline
\end{array}
$$

⑬
$$
\begin{array}{r}
8\ 0 \\
-\ 1\ 1 \\
\hline
\end{array}
$$

⑭
$$
\begin{array}{r}
8\ 0 \\
-\ 3\ 8 \\
\hline
\end{array}
$$

⑮
$$
\begin{array}{r}
8\ 0 \\
-\ 6\ 5 \\
\hline
\end{array}
$$

⑯
$$
\begin{array}{r}
9\ 0 \\
-\ 2\ 2 \\
\hline
\end{array}
$$

⑰
$$
\begin{array}{r}
9\ 0 \\
-\ 3\ 4 \\
\hline
\end{array}
$$

⑱
$$
\begin{array}{r}
9\ 0 \\
-\ 6\ 9 \\
\hline
\end{array}
$$

⑲ 20−15=

⑳ 30−17=

㉑ 30−23=

㉒ 40−11=

㉓ 40−22=

㉔ 40−34=

㉕ 50−26=

㉖ 50−19=

㉗ 50−48=

㉘ 60−37=

㉙ 60−43=

㉚ 60−21=

㉛ 70−12=

㉜ 70−25=

㉝ 70−41=

㉞ 80−26=

㉟ 80−58=

㊱ 80−72=

㊲ 90−19=

㊳ 90−44=

㊴ 90−75=

7 받아내림이 있는 (두 자리 수)−(두 자리 수)

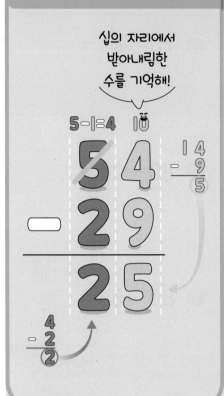

십의 자리에서
받아내림한
수를 기억해!

5−1=4 10

5 4 − 1 4 9 5
− 2 9
2 5

− 4 2 2

● 받아내림이 있는
  (두 자리 수)−(두 자리 수)

일의 자리 수끼리 뺄셈을 할 수 없으면 십의 자리에서 10을 받아 내림하여 계산합니다.

일의 자리의 계산
4 10
5̶ 4
− 2 9
5
10+4−9=5

⬇

십의 자리의 계산
4 10
5̶ 4
− 2 9
2 5
5−1−2=2

○ 계산해 보시오.

❶
```
   2 1
 − 1 7
```

❷
```
   3 4
 − 1 5
```

❸
```
   3 7
 − 2 9
```

❹
```
   4 3
 − 2 5
```

❺
```
   5 6
 − 3 8
```

❻
```
   6 3
 − 2 6
```

❼
```
   7 2
 − 1 7
```

❽
```
   8 1
 − 2 4
```

❾
```
   8 6
 − 5 7
```

❿
```
   9 2
 − 1 9
```

⑪ 35－26＝

⑮ 61－29＝

⑲ 85－38＝

⑫ 41－12＝

⑯ 65－17＝

⑳ 91－66＝

⑬ 48－39＝

⑰ 74－28＝

㉑ 93－48＝

⑭ 57－28＝

⑱ 77－49＝

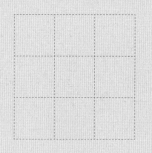

㉒ 96－29＝

◦ 계산해 보시오.

1
```
    2 4
 −  1 8
```

2
```
    3 1
 −  1 7
```

3
```
    3 3
 −  2 9
```

4
```
    4 3
 −  1 6
```

5
```
    4 6
 −  3 7
```

6
```
    5 2
 −  2 5
```

7
```
    5 8
 −  3 9
```

8
```
    6 2
 −  4 8
```

9
```
    6 3
 −  5 4
```

10
```
    6 7
 −  1 9
```

11
```
    7 1
 −  3 5
```

12
```
    7 5
 −  2 7
```

13
```
    7 6
 −  6 9
```

14
```
    8 3
 −  6 8
```

15
```
    8 5
 −  5 7
```

16
```
    8 8
 −  3 9
```

17
```
    9 3
 −  4 4
```

18
```
    9 7
 −  1 9
```

⑲ 23－19＝

⑳ 32－27＝

㉑ 36－18＝

㉒ 43－17＝

㉓ 45－39＝

㉔ 47－29＝

㉕ 51－45＝

㉖ 54－18＝

㉗ 55－26＝

㉘ 61－14＝

㉙ 64－46＝

㉚ 68－39＝

㉛ 73－38＝

㉜ 74－65＝

㉝ 75－49＝

㉞ 81－57＝

㉟ 82－28＝

㊱ 87－38＝

㊲ 92－86＝

㊳ 94－15＝

㊴ 98－69＝

비법 강의 QR

수 감각을 키우면 **빨라지는 계산 비법**

+−×÷ 30−17을 여러 가지 방법으로 뺄셈하기

방법1 빼는 수의 십의 자리 수를 먼저 뺀 후 일의 자리 수 빼기

$$30 \quad - \quad 17$$
① 10 7
② 30−10=20
③ 20−7=13

방법2 받아내림이 없도록 만들어 빼기

$$30 \quad - \quad 17$$
① 1 29
② 29−17=12
③ 1+12=13

○ 여러 가지 방법으로 뺄셈을 하려고 합니다. ☐ 안에 알맞은 수를 써넣으시오.

1

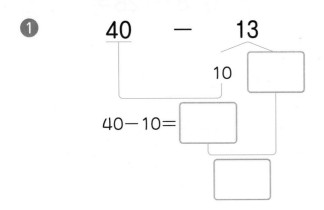

40 − 13
10
40−10=☐

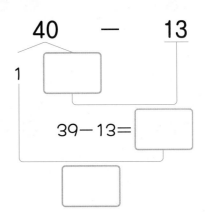

40 − 13
1
39−13=☐

2

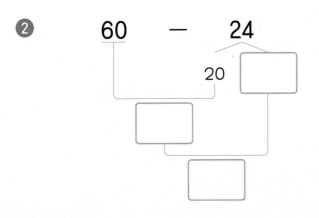

60 − 24
20

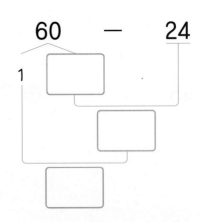

60 − 24
1

○ 여러 가지 방법으로 뺄셈을 하려고 합니다. ☐ 안에 알맞은 수를 써넣으시오.

❸ $30-16=30-10-\boxed{}$

$\quad\quad=20-\boxed{}=\boxed{}$

$30-16=1+\boxed{}-16$

$\quad\quad=1+\boxed{}=\boxed{}$

❹ $50-39=50-30-\boxed{}$

$\quad\quad=20-\boxed{}=\boxed{}$

$50-39=1+\boxed{}-39$

$\quad\quad=1+\boxed{}=\boxed{}$

❺ $70-42=70-40-\boxed{}$

$\quad\quad=30-\boxed{}=\boxed{}$

$70-42=1+\boxed{}-42$

$\quad\quad=1+\boxed{}=\boxed{}$

❻ $80-31=80-\boxed{}-1$

$\quad\quad=\boxed{}-1=\boxed{}$

$80-31=1+\boxed{}-31$

$\quad\quad=1+\boxed{}=\boxed{}$

❼ $90-57=90-\boxed{}-7$

$\quad\quad=\boxed{}-7=\boxed{}$

$90-57=1+\boxed{}-57$

$\quad\quad=1+\boxed{}=\boxed{}$

+−×÷ 32−18을 여러 가지 방법으로 뺄셈하기

방법1 빼지는 수를 몇과 몇십으로 가르기 한 후 빼기

$$32 \quad - \quad 18$$
① 2 30
② 30−18=12
③ 2+12=14

방법2 빼는 수를 빼지는 수와 일의 자리 수가 같게 몇십몇과 몇으로 가르기 한 후 빼기

$$32 \quad - \quad 18$$
① 12 6
② 32−12=20
③ 20−6=14

○ 여러 가지 방법으로 뺄셈을 하려고 합니다. ☐ 안에 알맞은 수를 써넣으시오.

1

$$36 \quad - \quad 19$$

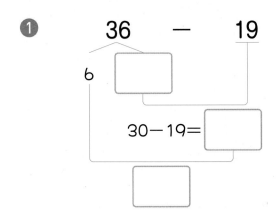

6

30−19=☐

$$36 \quad - \quad 19$$

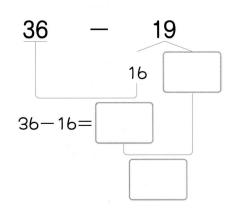

16

36−16=☐

2

$$53 \quad - \quad 37$$

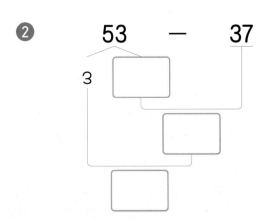

3

$$53 \quad - \quad 37$$

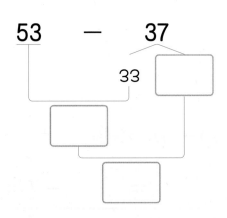

33

○ 여러 가지 방법으로 뺄셈을 하려고 합니다. ☐ 안에 알맞은 수를 써넣으시오.

❸ $42 - 16 = 2 + \boxed{} - 16$

$= 2 + \boxed{} = \boxed{}$

$42 - 16 = 42 - 12 - \boxed{}$

$= 30 - \boxed{} = \boxed{}$

❹ $61 - 28 = 1 + \boxed{} - 28$

$= 1 + \boxed{} = \boxed{}$

$61 - 28 = 61 - 21 - \boxed{}$

$= 40 - \boxed{} = \boxed{}$

❺ $74 - 49 = 4 + \boxed{} - 49$

$= 4 + \boxed{} = \boxed{}$

$74 - 49 = 74 - 44 - \boxed{}$

$= 30 - \boxed{} = \boxed{}$

❻ $85 - 37 = 5 + \boxed{} - 37$

$= 5 + \boxed{} = \boxed{}$

$85 - 37 = 85 - \boxed{} - 2$

$= \boxed{} - 2 = \boxed{}$

❼ $93 - 39 = 3 + \boxed{} - 39$

$= 3 + \boxed{} = \boxed{}$

$93 - 39 = 93 - \boxed{} - 6$

$= \boxed{} - 6 = \boxed{}$

○ 빈칸에 알맞은 수를 써넣으시오.

①

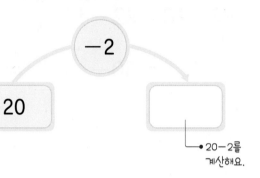

−2

20

● 20−2를
계산해요.

②

−16

24

③

−14

30

④

−6

45

⑤

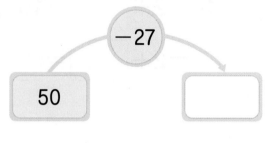

−27

50

⑥

−35

63

⑦

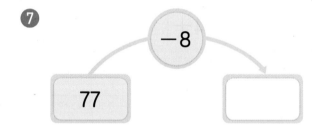

−8

77

⑧

−43

82

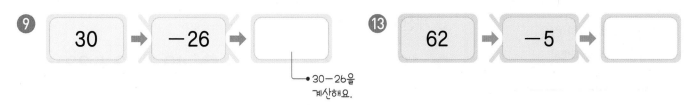

⑨ 30 → −26 → ⬜
└ 30−26을
계산해요.

⑬ 62 → −5 → ⬜

⑩ 46 → −7 → ⬜

⑭ 70 → −58 → ⬜

⑪ 53 → −25 → ⬜

⑮ 85 → −9 → ⬜

⑫ 60 → −39 → ⬜

⑯ 91 → −36 → ⬜

문장제 속 연산

⑰ 진우는 색종이를 75장 가지고 있습니다. 이 중에서 28장을 사용한다면 남는 색종이는 몇 장인지 구해 보시오.

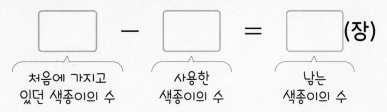

⬜ − ⬜ = ⬜ (장)

처음에 가지고   사용한   남는
있던 색종이의 수   색종이의 수   색종이의 수

3. 덧셈과 뺄셈 · 89

8 세 수의 덧셈

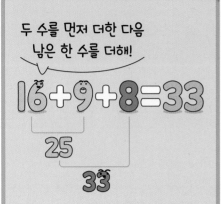

두 수를 먼저 더한 다음
남은 한 수를 더해!

$16+9+8=33$
25
33

이번에는
우리 먼저!

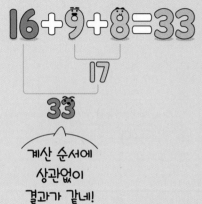

$16+9+8=33$
17
33

계산 순서에
상관없이
결과가 같네!

● 세 수의 덧셈

세 수의 덧셈은 두 수를 먼저 더한
다음 남은 한 수를 더합니다.

$16+9+8=33$
① 25
② 33

$16+9+8=33$
① 17
② 33

⇨ 세 수의 덧셈은 순서를 바꾸어
계산해도 계산 결과가 같습니다.

○ 계산해 보시오.

❶ $19+4+7=$

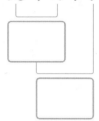

❺ $49+13+22=$

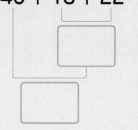

❷ $17+16+15=$

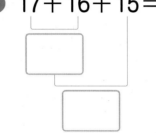

❻ $38+7+5=$

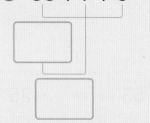

❸ $37+8+5=$

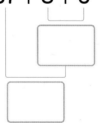

❼ $28+4+31=$

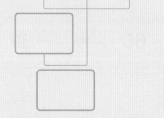

❹ $29+34+8=$

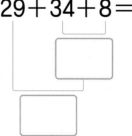

❽ $55+18+17=$

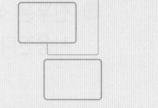

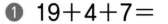

정답 • 13쪽

⑨ 12＋8＋8＝

⑯ 13＋18＋7＝

⑩ 25＋8＋9＝

⑰ 54＋28＋9＝

⑪ 45＋6＋5＝

⑱ 19＋27＋13＝

⑫ 53＋7＋8＝

⑲ 24＋47＋19＝

⑬ 66＋9＋6＝

⑳ 38＋32＋14＝

⑭ 29＋4＋19＝

㉑ 39＋27＋16＝

⑮ 45＋5＋23＝

㉒ 46＋18＋29＝

○ 계산해 보시오.

❶ $14+6+6=$

❷ $18+4+5=$

❸ $27+7+3=$

❹ $39+9+8=$

❺ $44+6+1=$

❻ $58+7+5=$

❼ $79+4+8=$

❽ $15+17+9=$

❾ $24+6+14=$

❿ $33+28+9=$

⓫ $36+17+6=$

⓬ $42+29+5=$

⓭ $47+2+38=$

⓮ $54+29+8=$

정답 • 13쪽

⑮ 16＋26＋14＝

⑯ 18＋36＋27＝

⑰ 22＋29＋15＝

⑱ 25＋16＋23＝

⑲ 27＋37＋18＝

⑳ 29＋26＋34＝

㉑ 33＋48＋16＝

㉒ 34＋15＋26＝

㉓ 37＋25＋21＝

㉔ 39＋19＋29＝

㉕ 44＋16＋24＝

㉖ 48＋22＋37＝

㉗ 52＋27＋25＝

㉘ 74＋18＋14＝

앞에서부터 두 수씩
차례대로 계산해!

$$25-8-4=13$$

17

13

맞혔어!

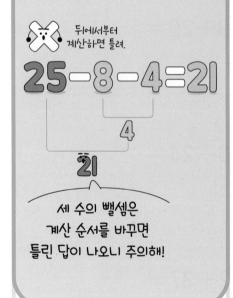

뒤에서부터
계산하면 틀려.

$$25-8-4=21$$

4

21

세 수의 뺄셈은
계산 순서를 바꾸면
틀린 답이 나오니 주의해!

● 세 수의 뺄셈

세 수의 뺄셈은 앞에서부터 두 수
씩 차례대로 계산합니다.

$$25-8-4=13$$
① 17
② 13

○ 계산해 보시오.

① $21-9-3=$

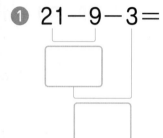

② $40-5-9=$

③ $52-4-28=$

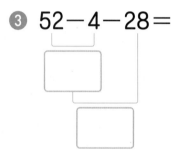

④ $61-6-26=$

⑤ $73-25-9=$

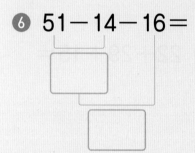

⑥ $51-14-16=$

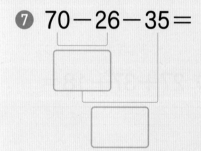

⑦ $70-26-35=$

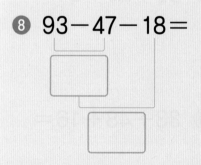

⑧ $93-47-18=$

⑨ 22−7−1=

⑩ 24−9−9=

⑪ 30−5−6=

⑫ 41−8−7=

⑬ 45−6−5=

⑭ 31−7−15=

⑮ 62−8−27=

⑯ 28−16−5=

⑰ 47−29−8=

⑱ 33−14−13=

⑲ 55−27−19=

⑳ 60−33−17=

㉑ 76−29−28=

㉒ 92−17−28=

◦ 계산해 보시오.

❶ $20-2-9=$

❷ $24-5-1=$

❸ $26-7-4=$

❹ $32-6-7=$

❺ $41-3-6=$

❻ $43-8-8=$

❼ $54-5-9=$

❽ $35-16-7=$

❾ $37-9-19=$

❿ $48-12-7=$

⓫ $50-4-14=$

⓬ $61-38-5=$

⓭ $73-5-29=$

⓮ $84-49-6=$

⑮ 36－18－13＝

⑯ 38－12－19＝

⑰ 40－15－17＝

⑱ 51－18－15＝

⑲ 64－27－28＝

⑳ 67－15－39＝

㉑ 71－16－18＝

㉒ 73－17－29＝

㉓ 78－49－12＝

㉔ 82－29－15＝

㉕ 84－12－26＝

㉖ 87－59－12＝

㉗ 90－13－18＝

㉘ 96－24－45＝

앞에서부터 두 수씩 차례대로 계산해!

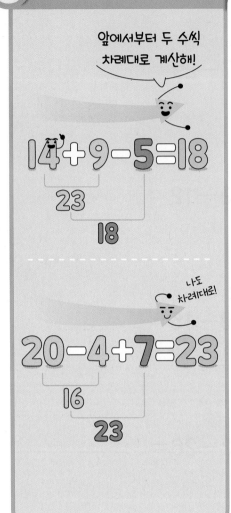

● 세 수의 덧셈과 뺄셈

덧셈과 뺄셈이 섞여 있는 세 수의 계산은 앞에서부터 두 수씩 차례대로 계산합니다.

· 14＋9－5의 계산

$$14＋9－5＝18$$
① 23
② 18

· 20－4＋7의 계산

$$20－4＋7＝23$$
① 16
② 23

○ 계산해 보시오.

1 12＋8－3＝

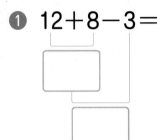

2 36＋5－4＝

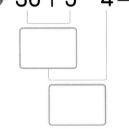

3 14＋9－15＝

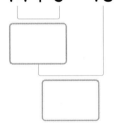

4 69＋3－43＝

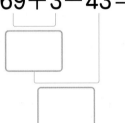

5 27＋16－9＝

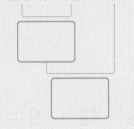

6 24＋49－55＝

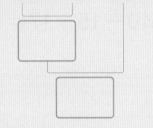

7 36＋18－25＝

8 57＋35－37＝

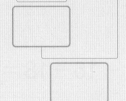

9 $21-8+7=$

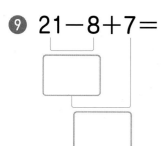

10 $62-3+2=$

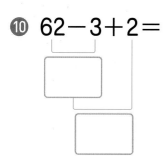

11 $28-9+16=$

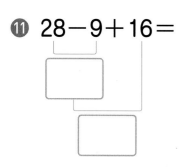

12 $44-7+18=$

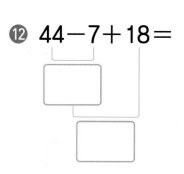

13 $65-39+8=$

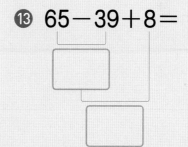

14 $42-28+67=$

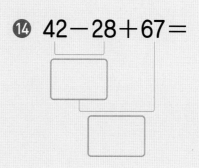

15 $51-24+13=$

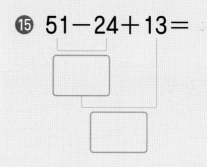

16 $74-36+35=$

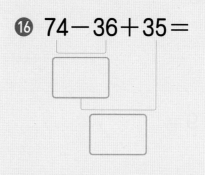

o 계산해 보시오.

❶ $16+5-3=$

❷ $28+5-4=$

❸ $53+9-5=$

❹ $32+3-16=$

❺ $45+7-23=$

❻ $57+14-8=$

❼ $63+18-9=$

❽ $18+33-24=$

❾ $27+23-41=$

❿ $29+26-37=$

⓫ $36+25-42=$

⓬ $47+43-72=$

⓭ $68+14-25=$

⓮ $75+18-59=$

⑮ $23-7+5=$

⑯ $30-3+8=$

⑰ $46-4+9=$

⑱ $34-7+25=$

⑲ $41-5+34=$

⑳ $62-17+3=$

㉑ $87-59+6=$

㉒ $32-15+26=$

㉓ $45-16+12=$

㉔ $58-39+33=$

㉕ $64-19+36=$

㉖ $77-29+42=$

㉗ $85-67+18=$

㉘ $91-42+35=$

○ 빈칸에 알맞은 수를 써넣으시오.

1

+9 +7

15 ☐

15+9+7을 계산해요.

2

−9 −8

24 ☐

3

+7 −19

27 ☐

4

+26 −44

35 ☐

5

−23 +5

42 ☐

6

+16 +18

57 ☐

7

−19 −22

60 ☐

8

−48 +26

95 ☐

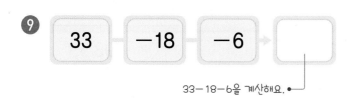

9　33　−18　−6　▶ □

33−18−6을 계산해요. •

13　58　+23　−49　▶ □

10　35　+26　−4　▶ □

14　66　+9　+15　▶ □

11　48　+14　+37　▶ □

15　70　−35　−17　▶ □

12　50　−5　+29　▶ □

16　82　−46　+38　▶ □

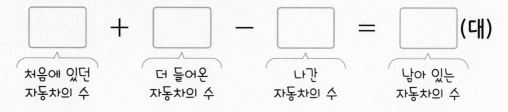

문장제 속 연산

17 주차장에 자동차가 44대 있었습니다. 잠시 후 자동차 19대
가 더 들어왔고, 25대가 나갔습니다. 주차장에 남아 있는
자동차는 몇 대인지 구해 보시오.

□ + □ − □ = □ (대)

처음에 있던　　더 들어온　　나간　　남아 있는
자동차의 수　　자동차의 수　　자동차의 수　　자동차의 수

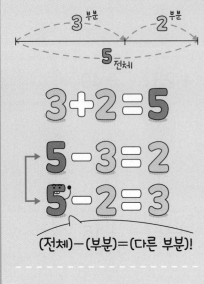

$$3+2=5$$

$$5-3=2$$

$$5-2=3$$

(전체)−(부분)=(다른 부분)!

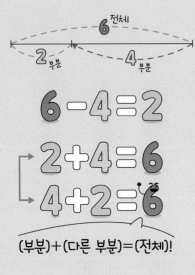

$$6-4=2$$

$$2+4=6$$

$$4+2=6$$

(부분)+(다른 부분)=(전체)!

● 덧셈과 뺄셈의 관계

• 덧셈식을 보고 뺄셈식 2개로 나타낼 수 있습니다.

$3+2=5$ → $5-3=2$
→ $5-2=3$

• 뺄셈식을 보고 덧셈식 2개로 나타낼 수 있습니다.

$6-4=2$ → $2+4=6$
→ $4+2=6$

○ 그림을 보고 덧셈식을 뺄셈식으로 나타내어 보시오.

❶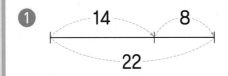

$$14+8=22$$

$22-\boxed{}=\boxed{}$

$22-\boxed{}=\boxed{}$

❷

$$27+6=33$$

$\boxed{}-27=\boxed{}$

$\boxed{}-6=\boxed{}$

❸

$$38+22=60$$

$\boxed{}-\boxed{}=22$

$\boxed{}-\boxed{}=38$

❹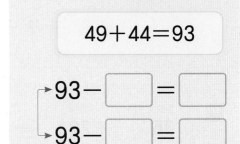

$$49+44=93$$

$93-\boxed{}=\boxed{}$

$93-\boxed{}=\boxed{}$

❺

$$52+29=81$$

$\boxed{}-52=\boxed{}$

$\boxed{}-29=\boxed{}$

❻

$$67+15=82$$

$\boxed{}-\boxed{}=15$

$\boxed{}-\boxed{}=67$

정답 • 15쪽

○ 그림을 보고 뺄셈식을 덧셈식으로 나타내어 보시오.

7

12

7   5

$$12-5=7$$

$\boxed{} + \boxed{} = 12$

$\boxed{} + \boxed{} = 12$

10

50

24   26

$$50-26=24$$

$\boxed{} + \boxed{} = 50$

$\boxed{} + \boxed{} = 50$

8

23

14   9

$$23-9=14$$

$\boxed{} + 9 = \boxed{}$

$\boxed{} + 14 = \boxed{}$

11

62

46   16

$$62-16=46$$

$\boxed{} + 16 = \boxed{}$

$\boxed{} + 46 = \boxed{}$

9

41

18   23

$$41-23=18$$

$18 + \boxed{} = \boxed{}$

$23 + \boxed{} = \boxed{}$

12

83

45   38

$$83-38=45$$

$45 + \boxed{} = \boxed{}$

$38 + \boxed{} = \boxed{}$

◦ 덧셈식을 뺄셈식으로 나타내어 보시오.

1 15＋5＝20

☐ － ☐ ＝ ☐

☐ － ☐ ＝ ☐

2 26＋19＝45

☐ － ☐ ＝ ☐

☐ － ☐ ＝ ☐

3 34＋7＝41

☐ － ☐ ＝ ☐

☐ － ☐ ＝ ☐

4 39＋33＝72

☐ － ☐ ＝ ☐

☐ － ☐ ＝ ☐

5 48＋39＝87

☐ － ☐ ＝ ☐

☐ － ☐ ＝ ☐

6 55＋25＝80

☐ － ☐ ＝ ☐

☐ － ☐ ＝ ☐

7 64＋18＝82

☐ － ☐ ＝ ☐

☐ － ☐ ＝ ☐

8 77＋17＝94

☐ － ☐ ＝ ☐

☐ － ☐ ＝ ☐

○ 뺄셈식을 덧셈식으로 나타내어 보시오.

⑨
$$16-9=7$$

☐ + ☐ = ☐
☐ + ☐ = ☐

⑬
$$53-28=25$$

☐ + ☐ = ☐
☐ + ☐ = ☐

⑩
$$21-12=9$$

☐ + ☐ = ☐
☐ + ☐ = ☐

⑭
$$75-26=49$$

☐ + ☐ = ☐
☐ + ☐ = ☐

⑪
$$32-5=27$$

☐ + ☐ = ☐
☐ + ☐ = ☐

⑮
$$82-47=35$$

☐ + ☐ = ☐
☐ + ☐ = ☐

⑫
$$40-11=29$$

☐ + ☐ = ☐
☐ + ☐ = ☐

⑯
$$96-39=57$$

☐ + ☐ = ☐
☐ + ☐ = ☐

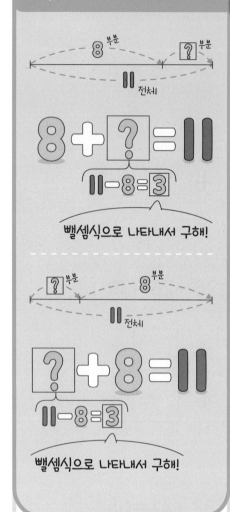

빼셈식으로 나타내서 구해!

빼셈식으로 나타내서 구해!

● 덧셈식에서 ☐의 값 구하기

덧셈과 뺄셈의 관계를 이용하여 덧셈식에서 ☐의 값을 구할 수 있습니다.

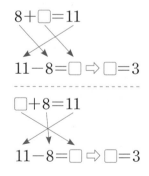

$8 + ☐ = 11$

$11 - 8 = ☐ \Rightarrow ☐ = 3$

$☐ + 8 = 11$

$11 - 8 = ☐ \Rightarrow ☐ = 3$

○ 그림을 보고 ☐ 안에 알맞은 수를 써넣으시오.

❶
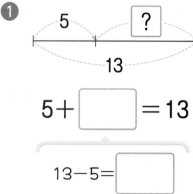

$5 + \boxed{} = 13$

$13 - 5 = \boxed{}$

❷
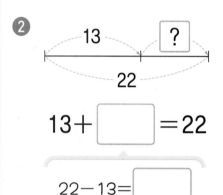

$13 + \boxed{} = 22$

$22 - 13 = \boxed{}$

❸
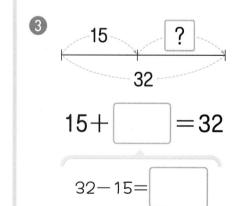

$15 + \boxed{} = 32$

$32 - 15 = \boxed{}$

❹
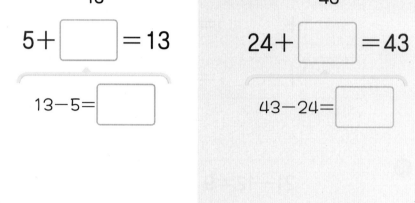

$24 + \boxed{} = 43$

$43 - 24 = \boxed{}$

❺
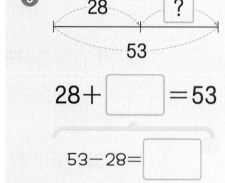

$28 + \boxed{} = 53$

$53 - 28 = \boxed{}$

❻
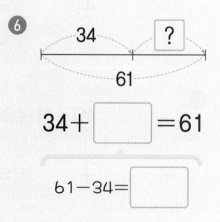

$34 + \boxed{} = 61$

$61 - 34 = \boxed{}$

정답 • 15쪽

7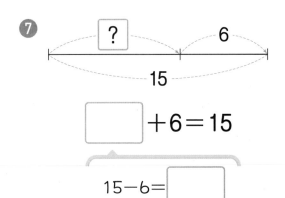

$$\boxed{} + 6 = 15$$

$15 - 6 = \boxed{}$

8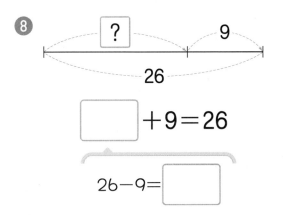

$$\boxed{} + 9 = 26$$

$26 - 9 = \boxed{}$

9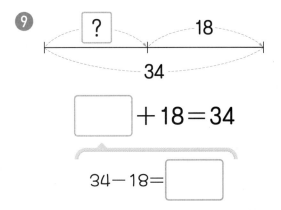

$$\boxed{} + 18 = 34$$

$34 - 18 = \boxed{}$

10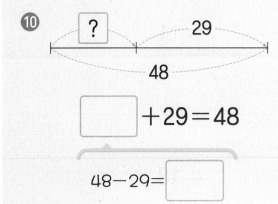

$$\boxed{} + 29 = 48$$

$48 - 29 = \boxed{}$

11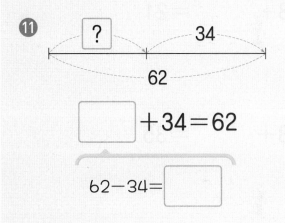

$$\boxed{} + 34 = 62$$

$62 - 34 = \boxed{}$

12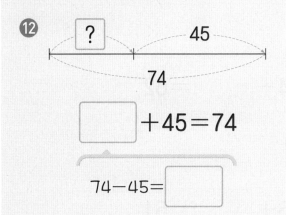

$$\boxed{} + 45 = 74$$

$74 - 45 = \boxed{}$

○ □ 안에 알맞은 수를 써넣으시오.

❶ $4 + \boxed{} = 11$

$11 - 4 = \boxed{}$

❷ $9 + \boxed{} = 18$

❸ $13 + \boxed{} = 21$

❹ $18 + \boxed{} = 35$

❺ $19 + \boxed{} = 40$

❻ $24 + \boxed{} = 62$

❼ $26 + \boxed{} = 51$

❽ $28 + \boxed{} = 50$

❾ $33 + \boxed{} = 52$

❿ $36 + \boxed{} = 73$

⓫ $39 + \boxed{} = 68$

⓬ $44 + \boxed{} = 72$

⓭ $47 + \boxed{} = 83$

⓮ $56 + \boxed{} = 82$

3. 덧셈과 뺄셈 · 111

⑮ ☐ +6=12

12−6= ☐

⑯ ☐ +7=16

⑰ ☐ +15=20

⑱ ☐ +17=33

⑲ ☐ +22=61

⑳ ☐ +27=70

㉑ ☐ +29=54

㉒ ☐ +34=53

㉓ ☐ +37=66

㉔ ☐ +38=82

㉕ ☐ +43=71

㉖ ☐ +46=80

㉗ ☐ +58=73

㉘ ☐ +67=94

13 뺄셈식에서 □의 값 구하기

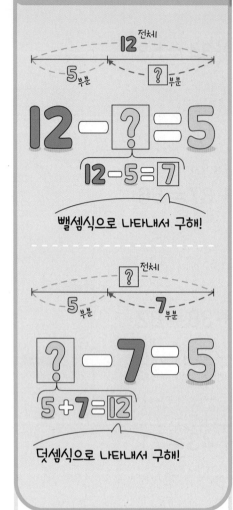

빼셈식으로 나타내서 구해!

덧셈식으로 나타내서 구해!

○ **빼셈식에서 □의 값 구하기**

덧셈과 뺄셈의 관계를 이용하여 뺄셈식에서 □의 값을 구할 수 있습니다.

• 뺄셈식을 다른 뺄셈식으로 나타내어 □의 값 구하기

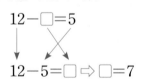

• 뺄셈식을 덧셈식으로 나타내어 □의 값 구하기

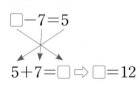

○ 그림을 보고 □ 안에 알맞은 수를 써넣으시오.

❶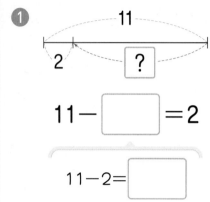

$$11 - \boxed{} = 2$$

$$11 - 2 = \boxed{}$$

❷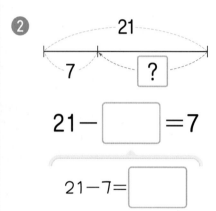

$$21 - \boxed{} = 7$$

$$21 - 7 = \boxed{}$$

❸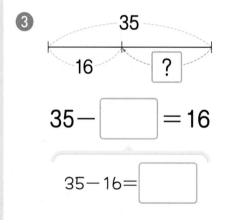

$$35 - \boxed{} = 16$$

$$35 - 16 = \boxed{}$$

❹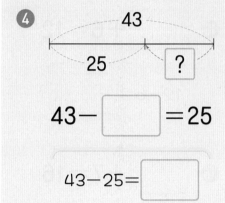

$$43 - \boxed{} = 25$$

$$43 - 25 = \boxed{}$$

❺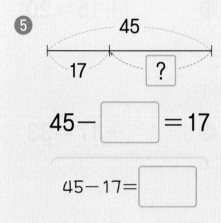

$$45 - \boxed{} = 17$$

$$45 - 17 = \boxed{}$$

❻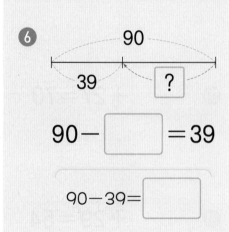

$$90 - \boxed{} = 39$$

$$90 - 39 = \boxed{}$$

❼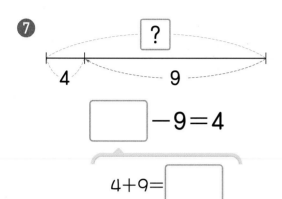

$\boxed{} - 9 = 4$

$4 + 9 = \boxed{}$

❽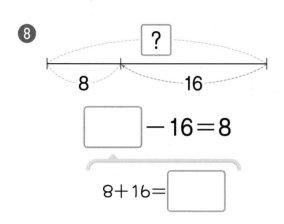

$\boxed{} - 16 = 8$

$8 + 16 = \boxed{}$

❾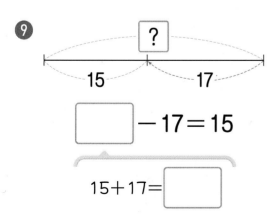

$\boxed{} - 17 = 15$

$15 + 17 = \boxed{}$

❿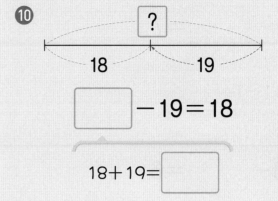

$\boxed{} - 19 = 18$

$18 + 19 = \boxed{}$

⓫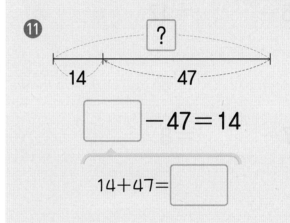

$\boxed{} - 47 = 14$

$14 + 47 = \boxed{}$

⓬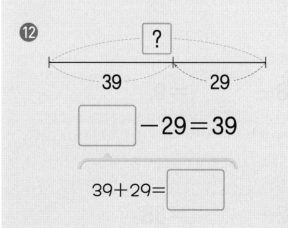

$\boxed{} - 29 = 39$

$39 + 29 = \boxed{}$

○ □ 안에 알맞은 수를 써넣으시오.

1 $11 - \boxed{} = 7$

$11 - 7 = \boxed{}$

2 $23 - \boxed{} = 6$

3 $35 - \boxed{} = 17$

4 $37 - \boxed{} = 8$

5 $44 - \boxed{} = 29$

6 $48 - \boxed{} = 9$

7 $52 - \boxed{} = 38$

8 $56 - \boxed{} = 29$

9 $60 - \boxed{} = 41$

10 $61 - \boxed{} = 37$

11 $65 - \boxed{} = 26$

12 $72 - \boxed{} = 47$

13 $83 - \boxed{} = 56$

14 $94 - \boxed{} = 39$

⑮ □ − 7 = 8

8 + 7 = □

⑯ □ − 4 = 17

⑰ □ − 19 = 6

⑱ □ − 5 = 26

⑲ □ − 28 = 6

⑳ □ − 6 = 34

㉑ □ − 29 = 18

㉒ □ − 17 = 34

㉓ □ − 36 = 19

㉔ □ − 49 = 14

㉕ □ − 54 = 16

㉖ □ − 35 = 37

㉗ □ − 46 = 36

㉘ □ − 37 = 59

○ 덧셈식을 뺄셈식으로, 뺄셈식을 덧셈식으로 나타내어 보시오.

1 $16+17=33$

$$\boxed{} - \boxed{} = \boxed{}$$

$$\boxed{} - \boxed{} = \boxed{}$$

4 $30-11=19$

$$\boxed{} + \boxed{} = \boxed{}$$

$$\boxed{} + \boxed{} = \boxed{}$$

2 $24+18=42$

$$\boxed{} - \boxed{} = \boxed{}$$

$$\boxed{} - \boxed{} = \boxed{}$$

5 $56-39=17$

$$\boxed{} + \boxed{} = \boxed{}$$

$$\boxed{} + \boxed{} = \boxed{}$$

3 $39+52=91$

$$\boxed{} - \boxed{} = \boxed{}$$

$$\boxed{} - \boxed{} = \boxed{}$$

6 $82-25=57$

$$\boxed{} + \boxed{} = \boxed{}$$

$$\boxed{} + \boxed{} = \boxed{}$$

○ ☐ 안에 알맞은 수를 써넣으시오.

⑦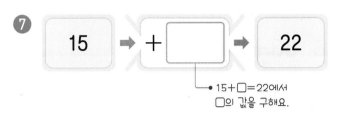

15 ➡ + ☐ ➡ 22

└ ● 15+☐=22에서
☐의 값을 구해요.

⑪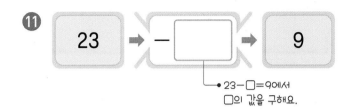

23 ➡ − ☐ ➡ 9

└ ● 23−☐=9에서
☐의 값을 구해요.

⑧ 49 ➡ + ☐ ➡ 80

⑫ 60 ➡ − ☐ ➡ 32

⑨ ☐ ➡ +19 ➡ 35

⑬  ☐ ➡ −8 ➡ 14

⑩ ☐ ➡ +24 ➡ 51

⑭  ☐ ➡ −37 ➡ 17

문장제 속 연산

⑮ 사탕 25개 중 몇 개를 친구에게 주었더니 17개가 남았습니다.
친구에게 준 사탕은 몇 개인지 ■를 사용하여 식을 만들고
답을 구해 보시오.

$$25 − ■ = 17$$

처음에 있던   친구에게   남은
사탕의 수   준 사탕의 수   사탕의 수

⇨ 25 − ☐ = ■, ■ = ☐ (개)

평가 3. 덧셈과 뺄셈

○ 계산해 보시오.

1 $\begin{array}{r} 23 \\ +\ \ 7 \\ \hline \end{array}$

2 $\begin{array}{r} 45 \\ +\ 19 \\ \hline \end{array}$

3 $\begin{array}{r} 78 \\ +\ 43 \\ \hline \end{array}$

4 $\begin{array}{r} 32 \\ -\ \ 9 \\ \hline \end{array}$

5 $\begin{array}{r} 81 \\ -\ 35 \\ \hline \end{array}$

6 $53+9=$

7 $39+36=$

8 $81+42=$

9 $69+95=$

10 $45-8=$

11 $40-17=$

12 $73-46=$

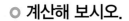
○ 계산해 보시오.

13 16＋35＋19＝

14 52－26－18＝

15 24＋17－25＝

16 63－39＋26＝

○ □ 안에 알맞은 수를 써넣으시오.

17 15＋□＝41

18 □＋28＝60

19 74－□＝49

20 □－27＝24

○ 빈칸에 알맞은 수를 써넣으시오.

21
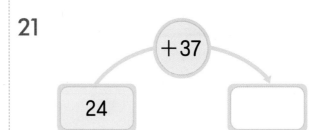

22
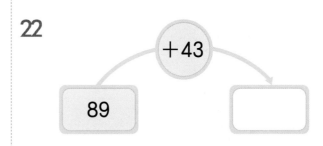

23
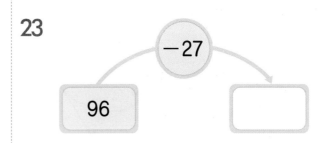

24
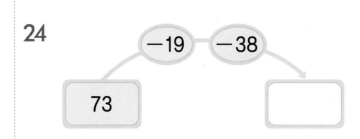

25
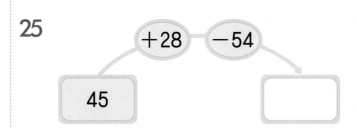

3단원의 연산 실력을 보충하고 싶다면 클리닉 북 13~25쪽을 풀어 보세요.

길이 재기

학습 내용	학습 회차	걸린 시간
1 여러 가지 단위로 길이 재기	1일 차	/5분
2 1 cm	2일 차	/5분
3 자로 길이 재기	3일 차	/5분
4 길이를 약 몇 cm로 나타내기	4일 차	/5분
평가 4. 길이 재기	5일 차	/14분

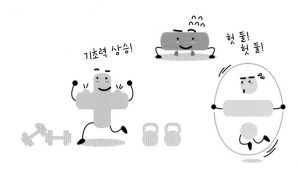

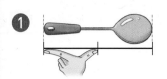

길이를 잴 때 사용할 수 있는 단위에는 여러 가지가 있어.

뼘

길이를 재는 물건에 따라 길이를 재는 횟수가 달라져!

● **여러 가지 단위로 길이 재기**

• 길이를 잴 때 사용할 수 있는 단위에는 여러 가지가 있습니다.

뼘

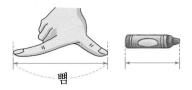

• 길이를 재는 물건에 따라 길이를 재는 횟수가 달라집니다.

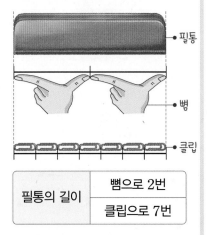

필통
뼘
클립

필통의 길이	뼘으로 2번
	클립으로 7번

○ 물건의 길이는 몇 뼘인지 구해 보시오.

1

(   )

2

(   )

3

(   )

4

(   )

5

(   )

○ 나무 막대의 길이는 물건으로 몇 번인지 구해 보시오.

6

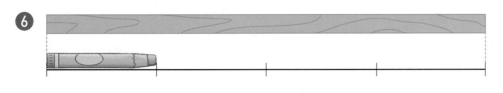

(   )

7

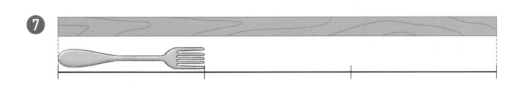

(   )

8

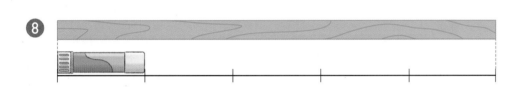

(   )

9

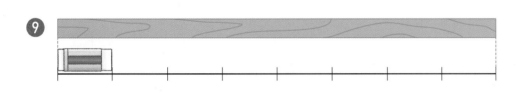

(   )

10

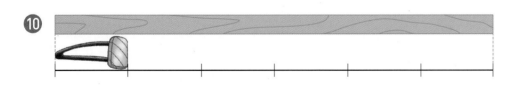

(   )

길이를 cm로
나타내면
정확한 길이를
잴 수 있어!

1 cm
1 센티미터

• **1 cm**

• 1 cm:  의 길이

쓰기 **1 cm**

읽기 1 센티미터

• 1 cm가 █번이면 █ cm입니다.

참고 주변에서 **1 cm**인 물건 찾아
보기

〈엄지손톱〉

〈구슬〉

〈콩〉

○ 주어진 길이는 1 cm로 몇 번인지 구해 보시오.

1

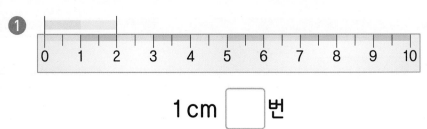

1 cm ☐ 번

2

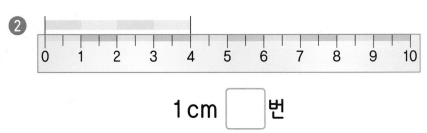

1 cm ☐ 번

3

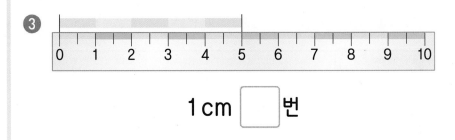

1 cm ☐ 번

4

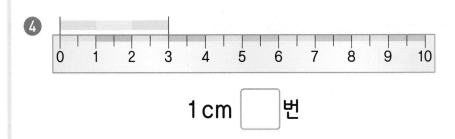

1 cm ☐ 번

5

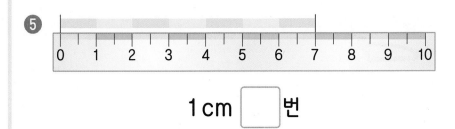

1 cm ☐ 번

○ 물건의 길이는 몇 cm인지 쓰고 읽어 보시오.

6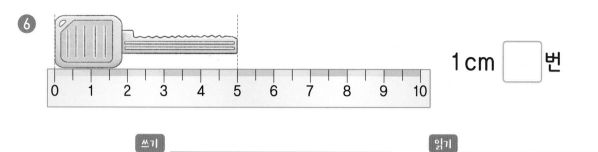

1cm □ 번

쓰기 _____   읽기 _____

7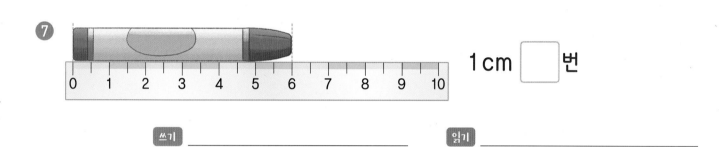

1cm □ 번

쓰기 _____   읽기 _____

8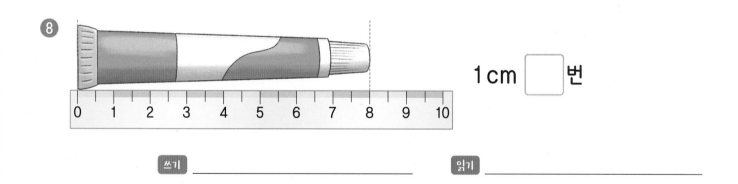

1cm □ 번

쓰기 _____   읽기 _____

9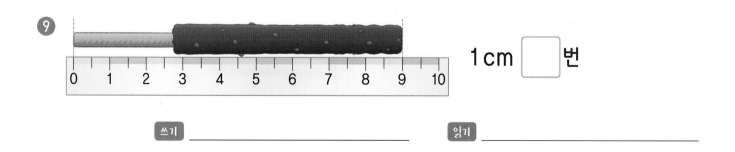

1cm □ 번

쓰기 _____   읽기 _____

한쪽 끝을 자의 눈금 0에 맞추고, 다른 쪽 끝에 있는 자의 눈금을 읽어!

3이군!

3cm

● **자로 지우개의 길이를 재는 방법**

방법1 지우개의 한쪽 끝을 자의 눈금 0에 맞추어 재기

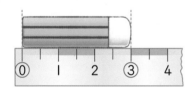

① 지우개의 한쪽 끝을 자의 눈금 0에 맞춥니다.

② 지우개의 다른 쪽 끝에 있는 자의 눈금을 읽습니다.

⇨ 지우개의 길이는 3 cm입니다.

방법2 지우개의 한쪽 끝을 자의 한 눈금에 맞추어 재기

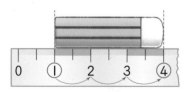

① 지우개의 한쪽 끝을 자의 한 눈금에 맞춥니다.

② 그 눈금에서 다른 쪽 끝까지 1 cm가 몇 번 들어가는지 셉니다.

⇨ 지우개의 길이는 3 cm입니다.

○ **물건의 길이는 몇 cm인지 구해 보시오.**

1

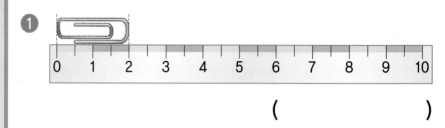

(   )

2

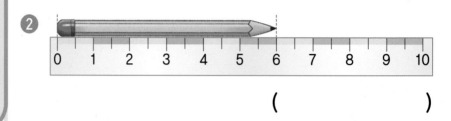

(   )

3

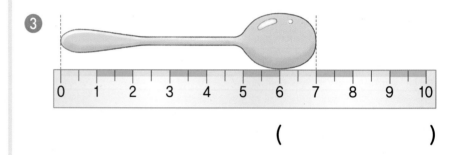

(   )

4

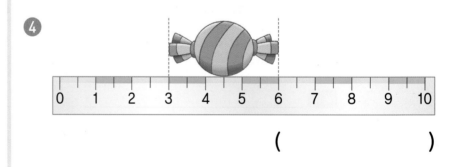

(   )

5

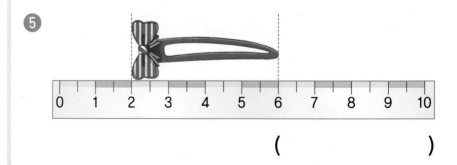

(   )

○ 물건의 길이는 몇 cm인지 자로 재어 보시오.

6

(   )

7

(   )

8

(   )

9

(   )

10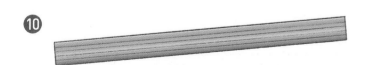

(   )

막대의 길이가 4 cm에 가까우니까 4 앞에 약을 붙여서 읽으면 약 4 cm!

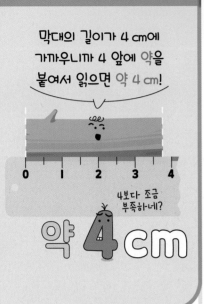

4보다 조금 부족하네?

약 4 cm

● 길이를 약 몇 cm로 나타내기

길이가 자의 눈금 사이에 있을 때는 가까이에 있는 쪽의 숫자를 읽으며, 숫자 앞에 약을 붙여 말합니다.

⇨ 빨간색 머리핀의 길이는 3 cm 에 가깝기 때문에 약 3 cm입니다.

⇨ 노란색 머리핀의 길이는 3 cm 에 가깝기 때문에 약 3 cm입니다.

○ 물건의 길이는 약 몇 cm인지 구해 보시오.

❶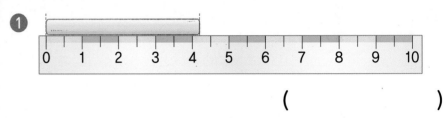

( )

❷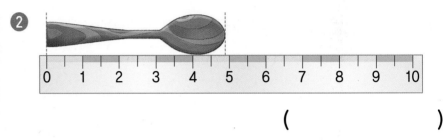

( )

❸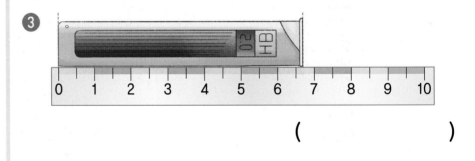

( )

❹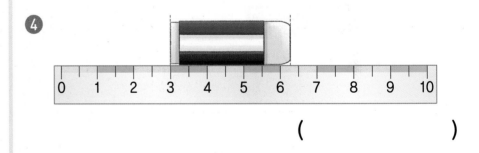

( )

❺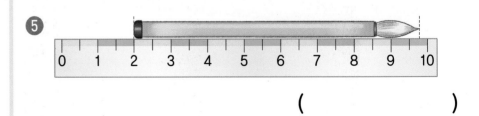

( )

○ 물건의 길이는 약 몇 cm인지 자로 재어 보시오.

6

(   )

7

(   )

8

(   )

9

(   )

10

(   )

○ 물건의 길이는 몇 뼘인지 구해 보시오.

1
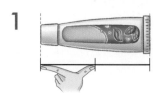

(   )

2
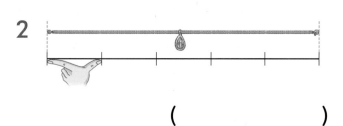

(   )

○ 색 테이프의 길이는 물건으로 몇 번인지 구해 보시오.

3
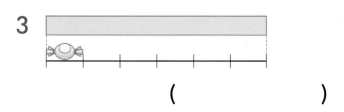

(   )

4
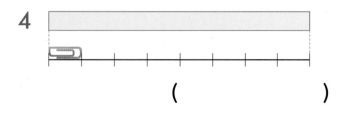

(   )

○ 물건의 길이는 1 cm로 몇 번인지 구해 보시오.

5
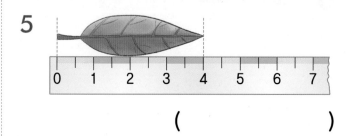

(   )

6
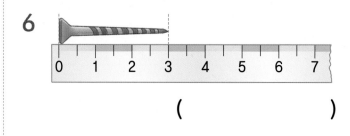

(   )

○ 물건의 길이는 몇 cm인지 쓰고 읽어 보시오.

7
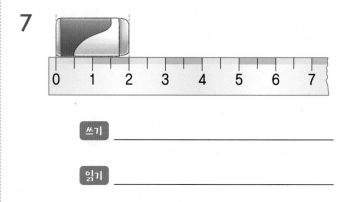

쓰기 _____

읽기 _____

8
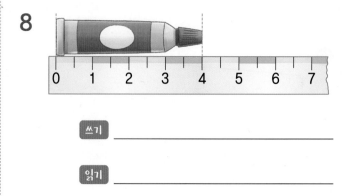

쓰기 _____

읽기 _____

○ 물건의 길이는 몇 cm인지 구해 보시오.

9

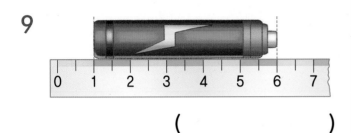

( )

10

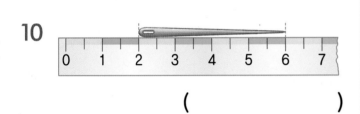

( )

○ 물건의 길이는 몇 cm인지 자로 재어 보시오.

11

( )

12

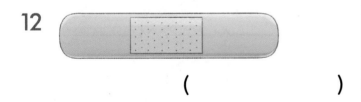

( )

13

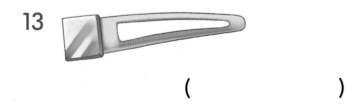

( )

○ 물건의 길이는 약 몇 cm인지 구해 보시오.

14

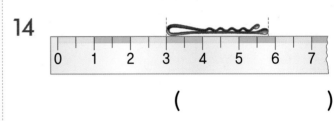

( )

15

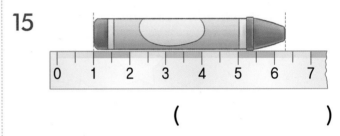

( )

○ 물건의 길이는 약 몇 cm인지 자로 재어 보시오.

16

( )

17

( )

18

( )

4단원의 연산 실력을 보충하고 싶다면 **클리닉 북 27~30쪽**을 풀어 보세요.

분류하기

학습 내용	학습 회차	걸린 시간
1 분류	1일 차	/3분
2 기준에 따라 분류하기	2일 차	/3분
3 분류하여 세어 보기	3일 차	/3분
4 분류한 결과 말하기	4일 차	/3분
평가 5. 분류하기	5일 차	/12분

기초력 상승!

헛 둘! 헛 둘!

분류는 기준에
따라 나누는 거야.

빨간색 옷

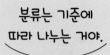

파란색 옷

분류할 때는 분명한
기준을 정해야 해!

● **분류**

분류: 기준에 따라 나누는 것

⇨ 분류할 때는 분명한 기준을
정해야 합니다.

분명한 분류 기준	분명하지 않은 분류 기준
• 색깔 • 모양 • 크기	• 예쁜 것과 예쁘지 않은 것 • 좋아하는 것과 좋아하지 않는 것

참고 분명한 기준으로 분류하면 좋은 점

• 어느 누가 분류해도 결과가 같습니다.

• 분류한 기준으로 물건을 찾을 때 편리합니다.

○ 분류 기준으로 알맞은 것을 찾아 ◯표 하시오.

1

(　　　) 맛있는 것과 맛없는 것

(　　　) 막대가 있는 것과 없는 것

(　　　) 예쁜 것과 예쁘지 않은 것

2

(　　　) 새 컵과 오래된 컵

(　　　) 물을 마시기 편한 컵과 불편한 컵

(　　　) 손잡이가 있는 컵과 없는 컵

3

(　　　) 비싼 것과 비싸지 않은 것

(　　　) 무늬가 있는 것과 없는 것

(　　　) 좋아하는 것과 좋아하지 않는 것

4

(   ) 편한 옷과 불편한 옷
(   ) 위에 입는 옷과 아래에 입는 옷
(   ) 나에게 어울리는 옷과 어울리지 않는 옷

5

(   ) 하늘을 날 수 있는 것과 날 수 없는 것
(   ) 귀여운 것과 귀엽지 않은 것
(   ) 인기가 있는 것과 없는 것

6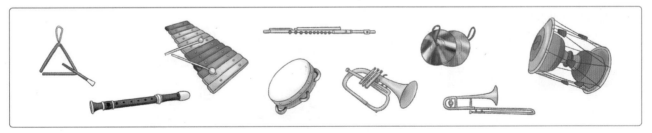

(   ) 소리가 크게 나는 것과 작게 나는 것
(   ) 비싼 것과 비싸지 않은 것
(   ) 치는 것과 부는 것

젤리를 기준에 따라 분류해 봐.

종류에 따라
분류한 거야.

물고기 모양 젤리 | **조개 모양 젤리**

젤리의 색깔에
따라 분류했어.

노란색 젤리 | **초록색 젤리**

● 기준에 따라 분류하기

분류할 때는 색깔, 모양, 크기 등 여러 가지 기준으로 분류할 수 있습니다.

• 색깔에 따라 분류하기

빨간색	초록색

• 모양에 따라 분류하기

원	삼각형	사각형

○ 정해진 기준에 따라 분류하여 빈칸에 알맞은 기호를 써넣으시오.

❶

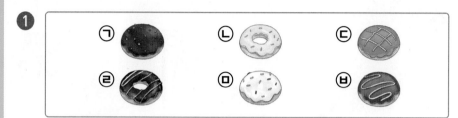

구멍이 없는 도넛	구멍이 있는 도넛

❷

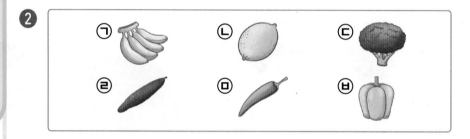

노란색	초록색

❸

바퀴가 2개인 것	바퀴가 4개인 것

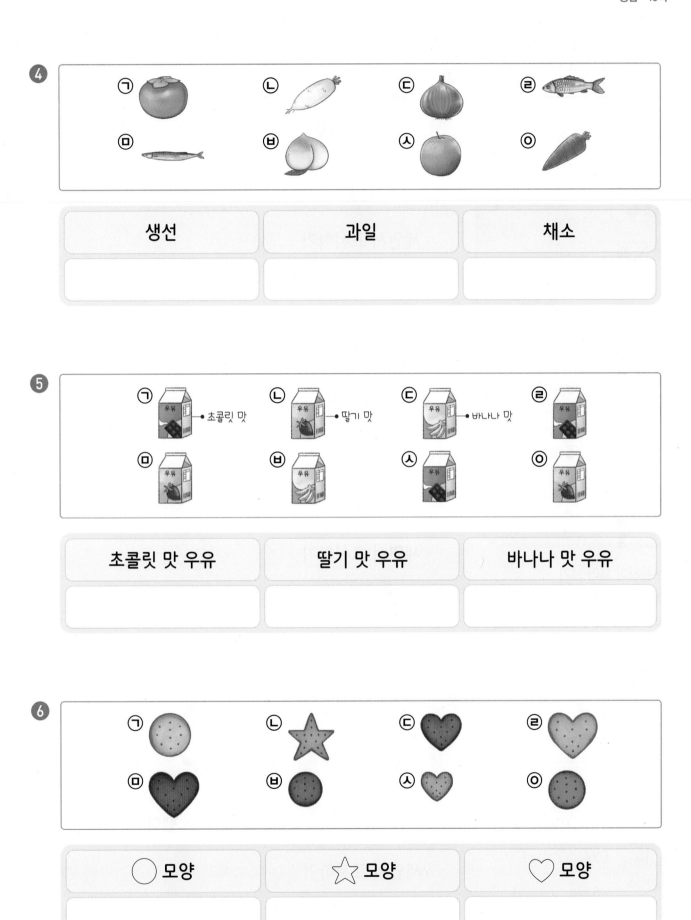

4

생선	과일	채소

5

초콜릿 맛 우유	딸기 맛 우유	바나나 맛 우유

6

◯ 모양	☆ 모양	♡ 모양

자료를 하나씩 셀 때마다 센 것에 기호 V를 표시하며 세면 자료를 빠뜨리지 않고 셀 수 있어.

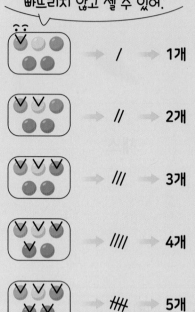

	/	1개
	//	2개
	///	3개
	////	4개
	/////	5개

또, 기호를 표시할 때마다 /를 표시하고, 그 수를 세면 돼!

● 분류하여 세어 보기

조사한 자료를 셀 때, 자료를 빠뜨리지 않고 모두 세기 위해서 센 것에는 ✓, ○, × 등 다양한 기호를 이용하여 표시하며 셉니다.

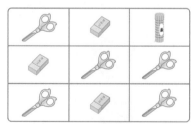

물건	가위	지우개	풀
세면서 표시하기	/////	////	////
물건 수 (개)	5	3	1

○ 종류에 따라 분류하고 그 수를 세어 보시오.

①

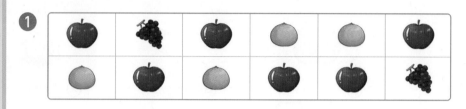

과일	사과	포도	귤
세면서 표시하기	///// /////	///// /////	///// /////
과일 수(개)			

②

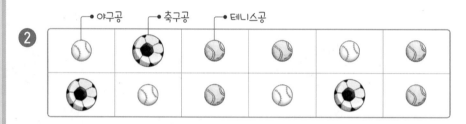

공	야구공	축구공	테니스공
세면서 표시하기	///// /////	///// /////	///// /////
공의 수(개)			

③

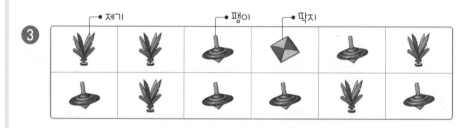

물건	제기	팽이	딱지
세면서 표시하기	///// /////	///// /////	///// /////
물건 수(개)			

정답 • 19쪽

○ 자전거를 기준에 따라 분류하고 그 수를 세어 보시오.

○ 단추를 기준에 따라 분류하고 그 수를 세어 보시오.

④

바구니	있는 것	없는 것
자전거 수(대)		

⑤

색깔	빨간색	노란색	초록색
자전거 수(대)			

⑥

바퀴 수	2개	3개	4개
자전거 수(대)			

⑦

모양	□	○	✿
단추 수 (개)			

⑧

색깔	파란색	빨간색	노란색
단추 수 (개)			

⑨

구멍 수	2개	3개	4개
단추 수 (개)			

친구들이 좋아하는 간식을 종류에 따라 분류하고 그 결과를 알아보자!

간식	만두	떡볶이	핫도그
친구 수(명)	2	3	4

가장 적은 친구들이 좋아하는 간식

가장 많은 친구들이 좋아하는 간식

● 분류한 결과 말하기

기준에 따라 분류하고 수를 세어 그 결과를 말할 수 있습니다.

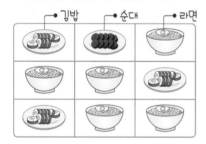

분류 기준: 종류

간식	김밥	순대	라면
친구 수 (명)	3	1	5

• 가장 많은 친구들이 좋아하는 간식은 라면입니다.
• 가장 적은 친구들이 좋아하는 간식은 순대입니다.

○ 지수네 반 친구들이 좋아하는 장난감을 조사하였습니다. 물음에 답하시오.

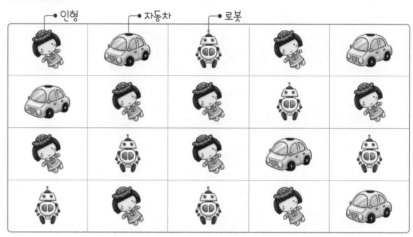

❶ 장난감을 종류에 따라 분류하고 그 수를 세어 보시오.

종류	인형	자동차	로봇
친구 수(명)			

❷ 가장 많은 친구들이 좋아하는 장난감은 무엇인지 써 보시오.

(   )

❸ 가장 적은 친구들이 좋아하는 장난감은 무엇인지 써 보시오.

(   )

○ 주스 가게에서 하루 동안 팔린 주스를 조사하였습니다. 물음에 답하시오.

딸기 맛 주스   포도 맛 주스   오렌지 맛 주스

❹ 주스를 맛에 따라 분류하고 그 수를 세어 보시오.

맛	딸기 맛	포도 맛	오렌지 맛
주스 수(병)			

❺ 이 가게에서 가장 많이 팔린 주스는 무엇인지 써 보시오.

(   )

❻ 이 가게에서 가장 적게 팔린 주스는 무엇인지 써 보시오.

(   )

◎ 분류 기준으로 알맞은 것을 찾아 ◯표 하시오.

1

맛있는 것과 맛없는 것	( )
빨간색인 것과 초록색인 것	( )
먹고 싶은 것과 먹고 싶지 않은 것	( )

2

좋아하는 것과 좋아하지 않는 것	( )
무서운 것과 무섭지 않은 것	( )
다리가 있는 것과 다리가 없는 것	( )

◎ 정해진 기준에 따라 분류하여 빈칸에 알맞은 기호를 써넣으시오.

3

꽃이 1송이인 꽃병	
꽃이 2송이인 꽃병	
꽃이 3송이인 꽃병	

4

모양	
모양	
모양	

○ 도형을 기준에 따라 분류하고 그 수를 세어 보시오.

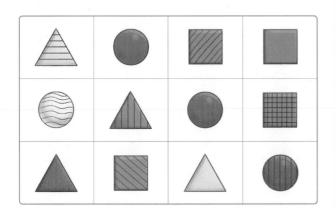

5

무늬	무늬가 없는 것	무늬가 있는 것
도형 수 (개)		

6

모양	△	○	□
도형 수 (개)			

7

색깔	노란색	빨간색	파란색
도형 수 (개)			

○ 수빈이네 반 친구들이 좋아하는 빵을 조사하였습니다. 물음에 답하시오.

┌● 크림빵   ┌● 단팥빵   ┌● 피자빵

8 빵을 종류에 따라 분류하고 그 수를 세어 보시오.

종류	크림빵	단팥빵	피자빵
친구 수 (명)			

9 가장 많은 친구들이 좋아하는 빵은 무엇인지 써 보시오.

(   )

10 가장 적은 친구들이 좋아하는 빵은 무엇인지 써 보시오.

(   )

5단원의 연산 실력을 보충하고 싶다면 **클리닉 북 31~34쪽**을 풀어 보세요.

곱셈

학습 내용	학습 회차	걸린 시간
1 묶어 세기	1일 차	/4분
	2일 차	/6분
2 몇의 몇 배	3일 차	/4분
	4일 차	/5분
3 곱셈식	5일 차	/4분
	6일 차	/6분
평가 6. 곱셈	7일 차	/13분

계산력 상승!

헛 둘!
헛 둘!

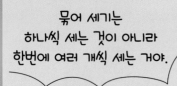

묶어 세기는
하나씩 세는 것이 아니라
한번에 여러 개씩 세는 거야.

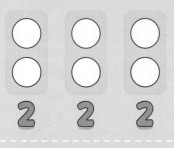

2씩 3묶음

2씩 3번
더해!

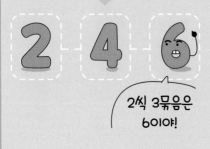

2씩 3묶음은
6이야!

● 묶어 세기
• 2씩 묶어 세기

 2씩 3묶음

2 4 6

➡ 풍선은 모두 6개입니다.

• 3씩 묶어 세기

 3씩 2묶음

3 6

➡ 풍선은 모두 6개입니다.

○ 모두 몇 개인지 묶어 세어 보시오.

1

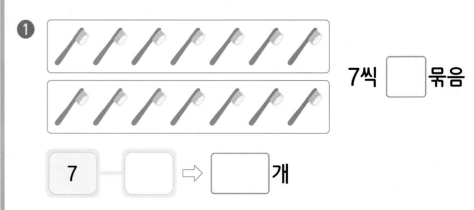

7씩 ⬚ 묶음

7 ⬚ ⇨ ⬚ 개

2

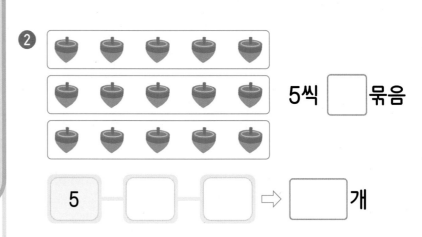

5씩 ⬚ 묶음

5 ⬚ ⬚ ⇨ ⬚ 개

3

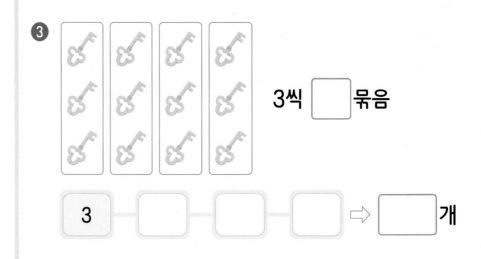

3씩 ⬚ 묶음

3 ⬚ ⬚ ⬚ ⇨ ⬚ 개

④     개

⑤ 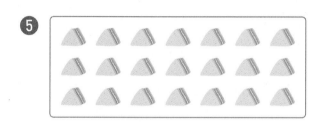    개

⑥ 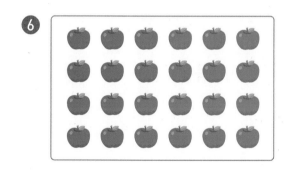    개

⑦ 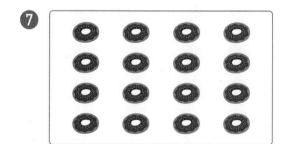    개

o 모두 몇 개인지 묶어 세어 보시오.

❶

2씩 [ ] 묶음 ⇨ [ ] 개

❷

3씩 [ ] 묶음 ⇨ [ ] 개

❸

5씩 [ ] 묶음 ⇨ [ ] 개

❹

9씩 [ ] 묶음 ⇨ [ ] 개

❺

4씩 [ ] 묶음 ⇨ [ ] 개

❻

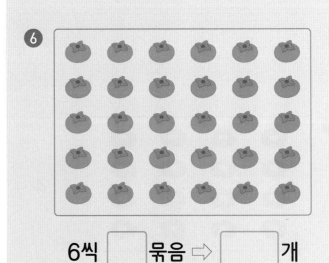

6씩 [ ] 묶음 ⇨ [ ] 개

⑦

2씩 ☐ 묶음 ⇨ ☐ 개

⑧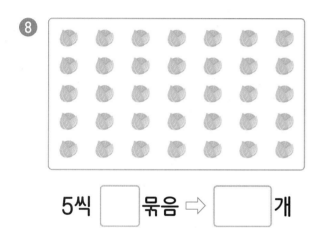

5씩 ☐ 묶음 ⇨ ☐ 개

⑨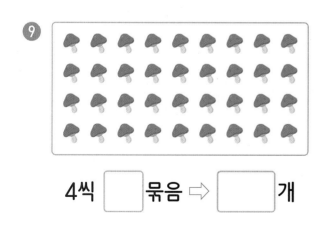

4씩 ☐ 묶음 ⇨ ☐ 개

⑩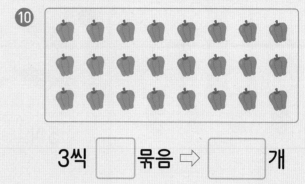

3씩 ☐ 묶음 ⇨ ☐ 개

⑪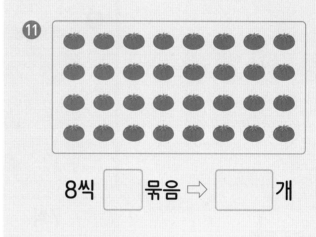

8씩 ☐ 묶음 ⇨ ☐ 개

⑫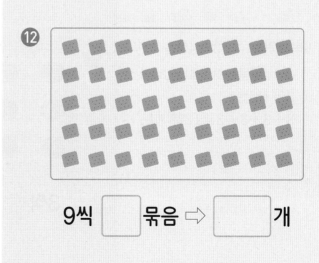

9씩 ☐ 묶음 ⇨ ☐ 개

○ 그림을 보고 ☐ 안에 알맞은 수를 써넣으시오.

① 5씩 ☐ 묶음 ⇨ 5의 ☐ 배

○ 3씩 4묶음

3 3 3 3

3씩 4묶음

3의 4배

3+3+3+3=12

4번

● 몇의 몇 배

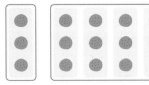

3씩 1묶음   3씩 4묶음

⇨ 3씩 4묶음은 3의 4배입니다.

⇨ 3의 4배는
3+3+3+3=12입니다.

② 7씩 ☐ 묶음 ⇨ 7의 ☐ 배

③ 3씩 ☐ 묶음 ⇨ 3의 ☐ 배

❹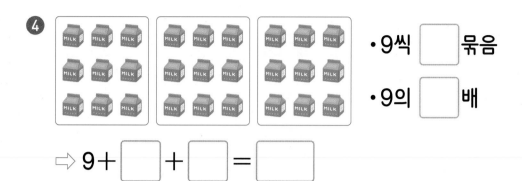

· 9씩 ☐ 묶음

· 9의 ☐ 배

⇨ 9+☐+☐=☐

❺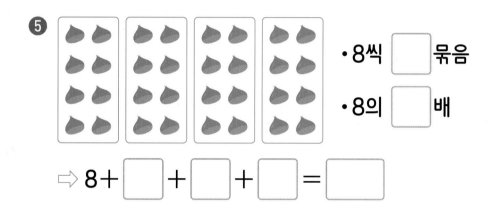

· 8씩 ☐ 묶음

· 8의 ☐ 배

⇨ 8+☐+☐+☐=☐

❻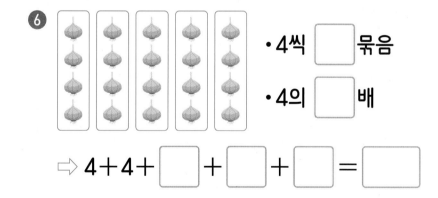

· 4씩 ☐ 묶음

· 4의 ☐ 배

⇨ 4+4+☐+☐+☐=☐

❼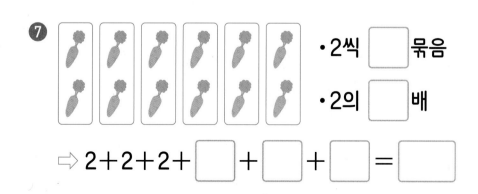

· 2씩 ☐ 묶음

· 2의 ☐ 배

⇨ 2+2+2+☐+☐+☐=☐

○ 그림을 보고 ☐ 안에 알맞은 수를 써넣으시오.

①

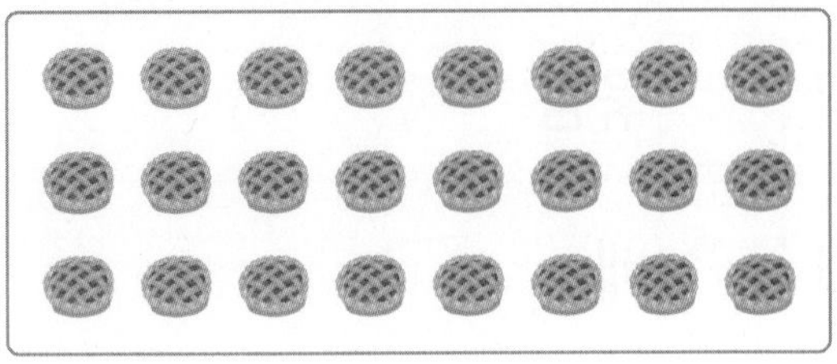

- 8씩 ☐ 묶음
- 8의 ☐ 배

⇨ 8+☐+☐=☐

②

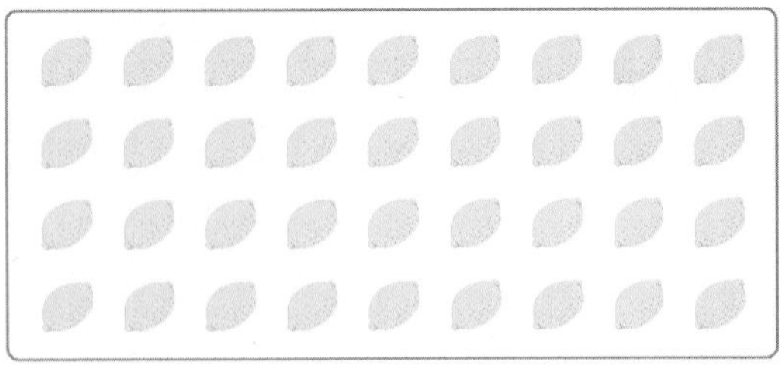

- 9씩 ☐ 묶음
- 9의 ☐ 배

⇨ 9+☐+☐+☐=☐

③

- 7씩 ☐ 묶음
- 7의 ☐ 배

⇨ 7+☐+☐+☐+☐=☐

④

- 2씩 ☐ 묶음
- 2의 ☐ 배

⇨ 2+2+☐+☐+☐+☐+☐=☐

정답·20쪽

○ ☐ 안에 알맞은 수를 써넣으시오.

❺ 7씩 3묶음
⇨ 7의 ☐ 배
⇨ 7 + ☐ + ☐ = ☐

❻ 4씩 4묶음
⇨ 4의 ☐ 배
⇨ 4 + ☐ + ☐ + ☐ = ☐

❼ 8씩 5묶음
⇨ 8의 ☐ 배
⇨ 8 + ☐ + ☐ + ☐ + ☐ = ☐

❽ 6씩 6묶음
⇨ 6의 ☐ 배
⇨ 6 + ☐ + ☐ + ☐ + ☐ + ☐ = ☐

❾ 9씩 7묶음
⇨ 9의 ☐ 배
⇨ 9 + ☐ + ☐ + ☐ + ☐ + ☐ + ☐
= ☐

2의 4배

⬇

2+2+2+2=8

4번

여러 번 더할 때는
곱셈식으로 간단히!

X 기호가 있으면
곱셈식이야!

'2 곱하기 4는 8과
같습니다.'라고 읽어.

● 곱셈식

 2의 4배

• 2+2+2+2=2×4
• 2×4=8
  ⇨ 2 곱하기 4는 8과 같습니다.
• 2와 4의 곱은 8입니다.

참고 곱셈 기호 나타내기

①✕② ②✕①

○ 그림을 보고 덧셈식과 곱셈식으로 나타내어 보시오.

①

덧셈식 ☐ + ☐ = ☐

곱셈식 ☐ × ☐ = ☐

②

덧셈식 ☐ + ☐ + ☐ = ☐

곱셈식 ☐ × ☐ = ☐

③

덧셈식 ☐ + ☐ + ☐ + ☐ = ☐

곱셈식 ☐ × ☐ = ☐

정답 • 21쪽

○ 다음을 보고 덧셈식과 곱셈식으로 나타내어 보시오.

❹ 7의 2배　덧셈식 ☐ + ☐ = ☐
　　　　　　곱셈식 ☐ × ☐ = ☐

❺ 4의 3배　덧셈식 ☐ + ☐ + ☐ = ☐
　　　　　　곱셈식 ☐ × ☐ = ☐

❻ 6의 4배　덧셈식 ☐ + ☐ + ☐ + ☐ = ☐
　　　　　　곱셈식 ☐ × ☐ = ☐

❼ 9의 5배　덧셈식 ☐ + ☐ + ☐ + ☐ + ☐ = ☐
　　　　　　곱셈식 ☐ × ☐ = ☐

❽ 8의 6배　덧셈식 ☐ + ☐ + ☐ + ☐ + ☐ + ☐ = ☐
　　　　　　곱셈식 ☐ × ☐ = ☐

○ ☐ 안에 알맞은 수를 써넣으시오.

❶ $4+4=$ ☐ ⇨ ☐ $\times$ ☐ $=$ ☐

❷ $2+2+2=$ ☐ ⇨ ☐ $\times$ ☐ $=$ ☐

❸ $3+3+3+3=$ ☐ ⇨ ☐ $\times$ ☐ $=$ ☐

❹ $5+5+5+5+5=$ ☐ ⇨ ☐ $\times$ ☐ $=$ ☐

❺ $6+6+6+6+6+6+6=$ ☐ ⇨ ☐ $\times$ ☐ $=$ ☐

❻ $9+9+9+9+9+9+9+9=$ ☐ ⇨ ☐ $\times$ ☐ $=$ ☐

❼ $7+7+7+7+7+7+7+7+7=$ ☐ ⇨ ☐ $\times$ ☐ $=$ ☐

◎ 그림을 보고 곱셈식으로 나타내어 보시오.

8

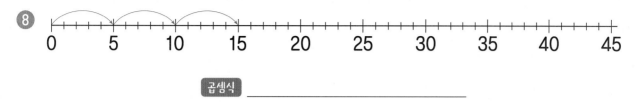

곱셈식 _____

9

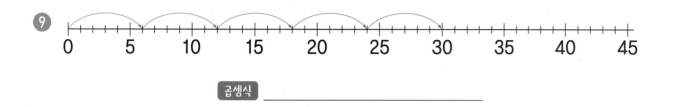

곱셈식 _____

10

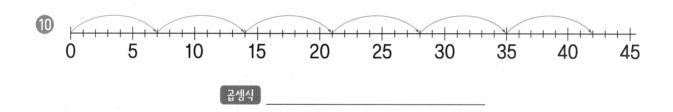

곱셈식 _____

11

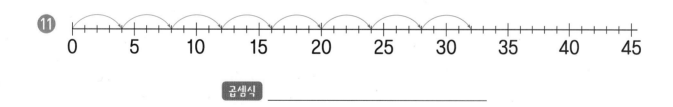

곱셈식 _____

12

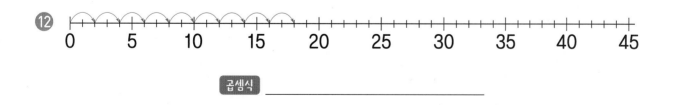

곱셈식 _____

○ 모두 몇 개인지 묶어 세어 보시오.

1

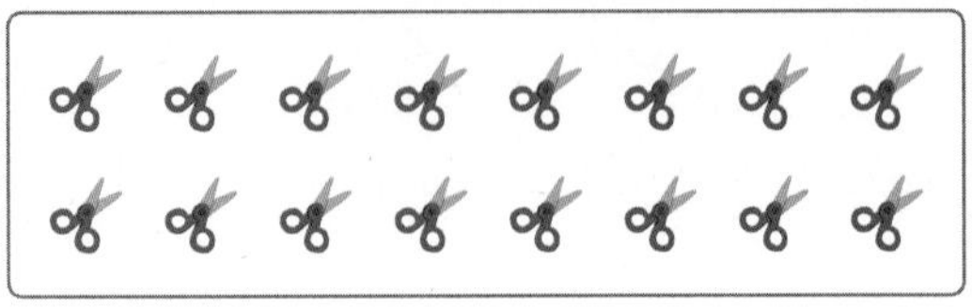

2씩 ☐ 묶음 ⇨ ☐ 개

2

5씩 ☐ 묶음 ⇨ ☐ 개

3

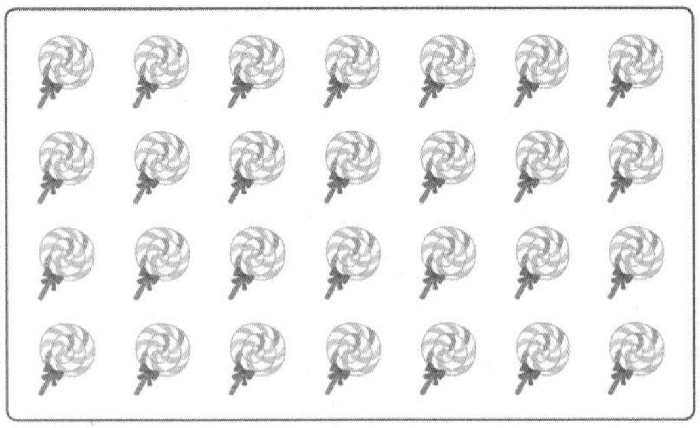

7씩 ☐ 묶음 ⇨ ☐ 개

○ ☐ 안에 알맞은 수를 써넣으시오.

4

6씩 2묶음

⇨ 6의 ☐ 배

⇨ ☐ + ☐ = ☐

5

9씩 4묶음

⇨ 9의 ☐ 배

⇨ ☐ + ☐ + ☐ + ☐

= ☐

6

8씩 3묶음

⇨ 8의 ☐ 배

⇨ ☐ + ☐ + ☐

= ☐

정답 • 21쪽

○ 다음을 보고 덧셈식과 곱셈식으로 나타내어 보시오.

7

3의 9배

덧셈식 _____

곱셈식 _____

8

5의 8배

덧셈식 _____

곱셈식 _____

9

7의 7배

덧셈식 _____

곱셈식 _____

10

9의 6배

덧셈식 _____

곱셈식 _____

○ ☐ 안에 알맞은 수를 써넣고 곱셈식으로 나타내어 보시오.

11 $3+3+3+3+3=$ ☐

⇨ 곱셈식 _____

12 $5+5+5+5+5+5=$ ☐

⇨ 곱셈식 _____

13 $4+4+4+4+4+4+4$

$=$ ☐

⇨ 곱셈식 _____

14 $7+7+7+7+7+7=$ ☐

⇨ 곱셈식 _____

15 $8+8+8+8+8+8+8+8$

$=$ ☐

⇨ 곱셈식 _____

6단원의 연산 실력을 보충하고 싶다면 **클리닉 북 35~37쪽**을 풀어 보세요.

memo

속삭!
속삭!

연산 능력 강화

기초력 완성

개념 기억력 강화

개념+연산

클리닉 북

「메인 북」에서 단원별 평가 후 부족한 연산력은 「클리닉 북」에서 보완합니다.

차례 2-1

ABOVE IMAGINATION

우리는 남다른 상상과 혁신으로
교육 문화의 새로운 전형을 만들어
모든 이의 행복한 경험과 성장에 기여한다

① 백, 몇백

정답 • 22쪽

○ ☐ 안에 알맞은 수를 써넣으시오.

①
| 이백 | ⇨ | ☐ |

②
| 구백 | ⇨ | ☐ |

○ 수를 바르게 읽은 것에 ◯표 하시오.

③

| 300 |

⇨ (삼백 , 사백)

④

| 500 |

⇨ (팔백 , 오백)

○ ☐ 안에 알맞은 수를 써넣으시오.

⑤
| 100이 4개인 수 | ⇨ | ☐ |

⑥
| 99보다 1만큼 더 큰 수 | ⇨ | ☐ |

⑦
| 100이 5개인 수 | ⇨ | ☐ |

⑧
| 90보다 10만큼 더 큰 수 | ⇨ | ☐ |

⑨
| 100이 7개인 수 | ⇨ | ☐ |

⑩
| 100이 9개인 수 | ⇨ | ☐ |

⑪
| 80보다 20만큼 더 큰 수 | ⇨ | ☐ |

⑫
| 70보다 30만큼 더 큰 수 | ⇨ | ☐ |

2 세 자리 수

정답 • 22쪽

○ 수 모형이 나타내는 수를 쓰고 바르게 읽은 것에 ◯표 하시오.

①

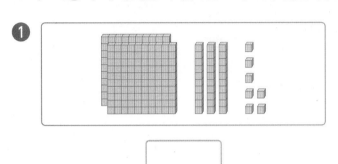

⇨ (이백삼십오 , 이백삼십칠)

②

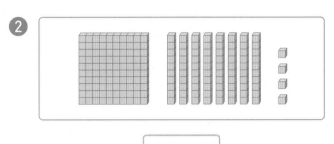

⇨ (백팔십사 , 백구십사)

③

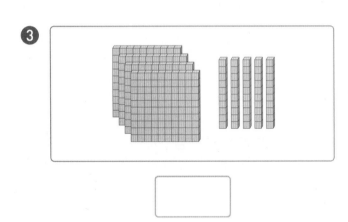

⇨ (사백오십 , 사백오)

④

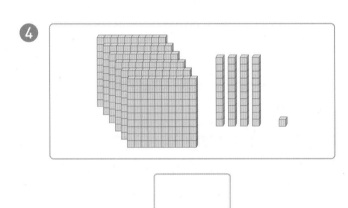

⇨ (육백십사 , 육백사십일)

○ ☐ 안에 알맞은 수를 써넣으시오.

⑤ 삼백팔십구 ⇨ [ ]

⑥ 칠백삼 ⇨ [ ]

○ 수를 바르게 읽은 것에 ◯표 하시오.

⑦ 160

⇨ (백육십 , 백육십오)

⑧ 528

⇨ (오백이십팔 , 오백팔십이)

3 세 자리 수의 자릿값

정답 • 22쪽

○ 주어진 수를 보고 빈칸에 각 자리 숫자를 쓰고, 그 숫자가 나타내는 값을 써넣으시오.

❶ 140

	백의 자리	십의 자리	일의 자리
자리 숫자			
나타내는 값			

❷ 539

	백의 자리	십의 자리	일의 자리
자리 숫자			
나타내는 값			

❸ 402

	백의 자리	십의 자리	일의 자리
자리 숫자			
나타내는 값			

❹ 768

	백의 자리	십의 자리	일의 자리
자리 숫자			
나타내는 값			

○ 빈칸에 밑줄 친 숫자가 나타내는 값을 써넣으시오.

❺ 3̲50

❻ 2̲81

❼ 74̲6

❽ 90̲5

4 뛰어 세기

정답 • 22쪽

○ 몇씩 뛰어 세었는지 ☐ 안에 알맞은 수를 써넣으시오.

1 305 405 505 605

⇨ ☐ 씩 뛰어 세었습니다.

2 997 998 999 1000

⇨ ☐ 씩 뛰어 세었습니다.

3 840 850 860 870

⇨ ☐ 씩 뛰어 세었습니다.

4 572 582 592 602

⇨ ☐ 씩 뛰어 세었습니다.

○ 뛰어 세는 규칙을 찾아 빈칸에 알맞은 수를 써넣으시오.

5 317 417 ☐ ☐ 717 ☐

6 926 927 ☐ ☐ ☐ 931

7 206 ☐ 226 236 ☐ ☐

8 693 ☐ ☐ 723 ☐ 743

5 **수의 크기 비교**

정답 · 22쪽

○ 두 수의 크기를 비교하여 ◯ 안에 > 또는 <를 알맞게 써넣으시오.

❶ 368 ◯ 290   ❷ 634 ◯ 637   ❸ 417 ◯ 407

❹ 503 ◯ 505   ❺ 801 ◯ 791   ❻ 134 ◯ 143

❼ 925 ◯ 696   ❽ 561 ◯ 580   ❾ 736 ◯ 730

❿ 284 ◯ 249   ⓫ 692 ◯ 694   ⓬ 316 ◯ 400

○ 가장 큰 수와 가장 작은 수를 각각 찾아 써 보시오.

⓭
132	321	213

가장 큰 수 (   )
가장 작은 수 (   )

⓮
499	497	493

가장 큰 수 (   )
가장 작은 수 (   )

⓯
565	506	560

가장 큰 수 (   )
가장 작은 수 (   )

⓰
721	698	782

가장 큰 수 (   )
가장 작은 수 (   )

삼각형

정답·22쪽

○ 삼각형을 찾아 ◯표 하시오.

1

(   )   (   )   (   )   (   )

2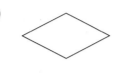

(   )   (   )   (   )   (   )

○ 삼각형이면 ◯표, 삼각형이 <u>아니면</u> ✕표 하시오.

3

(   )

4

(   )

5

(   )

6

(   )

7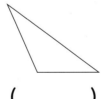

(   )

8

(   )

9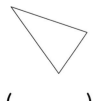

(   )

10

(   )

11

(   )

2 사각형

정답 · 23쪽

○ 사각형을 찾아 ◯표 하시오.

①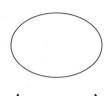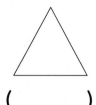

(   )   (   )   (   )   (   )

②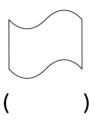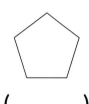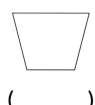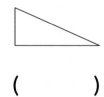

(   )   (   )   (   )   (   )

○ 사각형이면 ◯표, 사각형이 아니면 ✕표 하시오.

③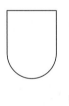

(   )

④

(   )

⑤

(   )

⑥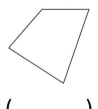

(   )

⑦

(   )

⑧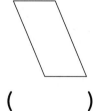

(   )

⑨

(   )

⑩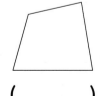

(   )

⑪

(   )

③ 원

정답 · 23쪽

○ 원을 찾아 ◯표 하시오.

1 　　　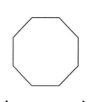

(　　　)　　　(　　　)　　　(　　　)　　　(　　　)

2 　　

(　　　)　　　(　　　)　　　(　　　)　　　(　　　)

○ 원이면 ◯표, 원이 아니면 ✕표 하시오.

3 　　　**4** 　　　**5**

(　　　)　　　　　(　　　)　　　　　(　　　)

6 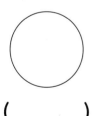　　　**7** 　　　**8**

(　　　)　　　　　(　　　)　　　　　(　　　)

9 　　　**10** 　　　**11**

(　　　)　　　　　(　　　)　　　　　(　　　)

4 칠교판으로 모양 만들기

정답 · 23쪽

○ 칠교판 조각을 이용하여 다음 도형을 만들어 보시오.

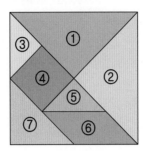

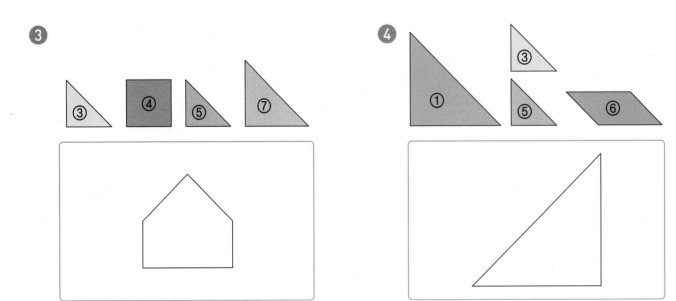

5 쌓은 모양 알아보기

정답 · 23쪽

○ 설명하는 쌓기나무를 찾아 ◯표 하시오.

1

색칠한 쌓기나무의
오른쪽에 있는 쌓기나무

2

색칠한 쌓기나무의
앞에 있는 쌓기나무

3

색칠한 쌓기나무의
오른쪽에 있는 쌓기나무

4

색칠한 쌓기나무의
위에 있는 쌓기나무

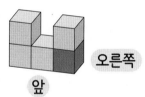

5

색칠한 쌓기나무의
왼쪽에 있는 쌓기나무

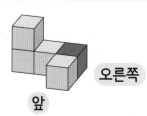

6

색칠한 쌓기나무의
뒤에 있는 쌓기나무

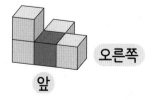

6 여러 가지 모양으로 쌓기

정답 • 23쪽

○ 주어진 쌓기나무의 수로 만든 모양을 찾아 ○표 하시오.

1 4개

(   ) (   ) (   ) (   )

2 5개

 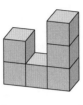 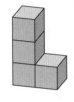 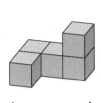

(   ) (   ) (   ) (   )

○ 설명대로 쌓은 모양을 찾아 ○표 하시오.

3 쌓기나무 3개가 옆으로 나란히 있고, 맨 왼쪽 쌓기나무의 위에 쌓기나무 1개가 있습니다.

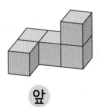 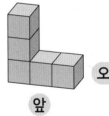 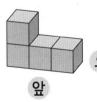

(   ) (   ) (   )

4 쌓기나무 3개가 옆으로 나란히 있고, 가운데 쌓기나무의 앞과 위에 쌓기나무가 1개씩 있습니다.

  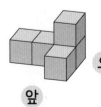

(   ) (   ) (   )

1 **일의 자리에서 받아올림이 있는 (두 자리 수)+(한 자리 수)**

정답 • 23쪽

○ 계산해 보시오.

①
```
   1 8
 +   4
```

②
```
   2 5
 +   5
```

③
```
   2 9
 +   7
```

④
```
   3 3
 +   8
```

⑤
```
   4 6
 +   6
```

⑥
```
   5 2
 +   8
```

⑦
```
   6 4
 +   9
```

⑧
```
   7 9
 +   2
```

⑨
```
   8 7
 +   8
```

⑩ 14+7=

⑪ 27+7=

⑫ 39+8=

⑬ 43+9=

⑭ 55+6=

⑮ 58+5=

⑯ 63+7=

⑰ 76+8=

⑱ 89+9=

2 일의 자리에서 받아올림이 있는 (두 자리 수)+(두 자리 수)

정답 · 24쪽

○ 계산해 보시오.

①
```
    1 7
  + 1 6
```

②
```
    1 9
  + 5 2
```

③
```
    2 3
  + 2 7
```

④
```
    2 8
  + 6 5
```

⑤
```
    3 6
  + 1 8
```

⑥
```
    4 2
  + 3 8
```

⑦
```
    5 9
  + 2 5
```

⑧
```
    6 4
  + 1 6
```

⑨
```
    7 6
  + 1 9
```

⑩ 12+29=

⑪ 18+54=

⑫ 24+39=

⑬ 27+45=

⑭ 35+36=

⑮ 47+17=

⑯ 58+25=

⑰ 61+19=

⑱ 79+13=

3 십의 자리에서 받아올림이 있는 (두 자리 수)+(두 자리 수)

정답 • 24쪽

o 계산해 보시오.

❶
```
    1 2
  + 9 2
```

❷
```
    2 5
  + 8 3
```

❸
```
    3 1
  + 9 6
```

❹
```
    4 3
  + 6 6
```

❺
```
    5 7
  + 7 2
```

❻
```
    6 2
  + 6 4
```

❼
```
    7 4
  + 8 4
```

❽
```
    8 1
  + 5 3
```

❾
```
    9 4
  + 7 5
```

❿ $18+91=$

⓫ $24+93=$

⓬ $35+82=$

⓭ $45+74=$

⓮ $51+87=$

⓯ $62+93=$

⓰ $76+71=$

⓱ $83+92=$

⓲ $95+53=$

4 **받아올림이 두 번 있는 (두 자리 수)+(두 자리 수)**

정답 · 24쪽

○ 계산해 보시오.

①
```
    1 5
  + 8 7
```

②
```
    2 9
  + 9 2
```

③
```
    3 6
  + 7 5
```

④
```
    4 8
  + 9 3
```

⑤
```
    5 4
  + 6 9
```

⑥
```
    6 7
  + 8 7
```

⑦
```
    7 3
  + 5 9
```

⑧
```
    8 2
  + 9 8
```

⑨
```
    9 5
  + 6 6
```

⑩ 17+96=

⑪ 23+88=

⑫ 34+86=

⑬ 46+94=

⑭ 59+62=

⑮ 68+75=

⑯ 74+97=

⑰ 84+38=

⑱ 99+56=

5 받아내림이 있는 (두 자리 수)−(한 자리 수)

정답 • 24쪽

o 계산해 보시오.

①
```
    1 6
 −    8
```

②
```
    2 0
 −    5
```

③
```
    3 1
 −    7
```

④
```
    4 7
 −    8
```

⑤
```
    5 2
 −    4
```

⑥
```
    6 5
 −    9
```

⑦
```
    7 4
 −    7
```

⑧
```
    8 1
 −    3
```

⑨
```
    9 3
 −    6
```

⑩ 12−5＝

⑪ 26−9＝

⑫ 33−8＝

⑬ 46−7＝

⑭ 50−2＝

⑮ 64−6＝

⑯ 71−9＝

⑰ 85−7＝

⑱ 92−3＝

6 **받아내림이 있는 (몇십)−(몇십몇)**

정답 • 24쪽

○ 계산해 보시오.

❶
```
    2 0
  − 1 3
```

❷
```
    3 0
  − 1 4
```

❸
```
    4 0
  − 2 2
```

❹
```
    5 0
  − 1 1
```

❺
```
    6 0
  − 3 5
```

❻
```
    7 0
  − 2 7
```

❼
```
    8 0
  − 4 9
```

❽
```
    8 0
  − 6 8
```

❾
```
    9 0
  − 3 6
```

❿ $30 - 15 =$

⓫ $40 - 17 =$

⓬ $50 - 31 =$

⓭ $60 - 24 =$

⓮ $70 - 18 =$

⓯ $70 - 56 =$

⓰ $80 - 39 =$

⓱ $90 - 23 =$

⓲ $90 - 52 =$

7 받아내림이 있는 (두 자리 수)−(두 자리 수)

정답 · 24쪽

○ 계산해 보시오.

❶
$$\begin{array}{r} 2\ 2 \\ -\ 1\ 9 \\ \hline \end{array}$$

❷
$$\begin{array}{r} 3\ 4 \\ -\ 1\ 5 \\ \hline \end{array}$$

❸
$$\begin{array}{r} 4\ 6 \\ -\ 3\ 8 \\ \hline \end{array}$$

❹
$$\begin{array}{r} 5\ 1 \\ -\ 2\ 2 \\ \hline \end{array}$$

❺
$$\begin{array}{r} 6\ 3 \\ -\ 4\ 6 \\ \hline \end{array}$$

❻
$$\begin{array}{r} 7\ 5 \\ -\ 4\ 8 \\ \hline \end{array}$$

❼
$$\begin{array}{r} 7\ 8 \\ -\ 5\ 9 \\ \hline \end{array}$$

❽
$$\begin{array}{r} 8\ 2 \\ -\ 1\ 4 \\ \hline \end{array}$$

❾
$$\begin{array}{r} 9\ 4 \\ -\ 3\ 7 \\ \hline \end{array}$$

❿ $36-17=$

⓫ $41-13=$

⓬ $54-28=$

⓭ $66-19=$

⓮ $77-38=$

⓯ $83-25=$

⓰ $84-45=$

⓱ $91-26=$

⓲ $95-67=$

8 세 수의 덧셈

정답 · 24쪽

○ 계산해 보시오.

❶ $27+4+6=$

❷ $49+5+8=$

❸ $15+17+9=$

❹ $28+16+9=$

❺ $34+8+25=$

❻ $49+9+34=$

❼ $12+29+15=$

❽ $23+27+19=$

❾ $26+38+17=$

❿ $33+18+12=$

⓫ $38+37+19=$

⓬ $45+28+43=$

⓭ $53+39+18=$

⓮ $76+16+29=$

9 **세 수의 뺄셈**

정답·24쪽

○ 계산해 보시오.

3. 덧셈과 뺄셈

❶ $23-5-9=$

❷ $40-6-8=$

❸ $32-16-7=$

❹ $56-29-9=$

❺ $61-6-26=$

❻ $92-8-46=$

❼ $42-18-12=$

❽ $54-29-16=$

❾ $65-19-28=$

❿ $70-12-19=$

⓫ $81-16-25=$

⓬ $85-28-48=$

⓭ $93-57-17=$

⓮ $94-38-39=$

10 세 수의 덧셈과 뺄셈

정답 · 25쪽

○ 계산해 보시오.

① $37+3-5=$

② $55+8-6=$

③ $14+16-8=$

④ $48+7-19=$

⑤ $26+26-33=$

⑥ $53+19-24=$

⑦ $65+26-17=$

⑧ $78+19-48=$

⑨ $34-7+4=$

⑩ $60-25+6=$

⑪ $40-22+14=$

⑫ $55-36+23=$

⑬ $87-39+25=$

⑭ $91-56+47=$

덧셈과 뺄셈의 관계

정답 • 25쪽

○ 덧셈식을 뺄셈식으로, 뺄셈식을 덧셈식으로 나타내어 보시오.

①

$$18+8=26$$

$$\boxed{} - \boxed{} = \boxed{}$$

$$\boxed{} - \boxed{} = \boxed{}$$

②

$$34+16=50$$

$$\boxed{} - \boxed{} = \boxed{}$$

$$\boxed{} - \boxed{} = \boxed{}$$

③

$$47+27=74$$

$$\boxed{} - \boxed{} = \boxed{}$$

$$\boxed{} - \boxed{} = \boxed{}$$

④

$$63+29=92$$

$$\boxed{} - \boxed{} = \boxed{}$$

$$\boxed{} - \boxed{} = \boxed{}$$

⑤

$$25-8=17$$

$$\boxed{} + \boxed{} = \boxed{}$$

$$\boxed{} + \boxed{} = \boxed{}$$

⑥

$$41-13=28$$

$$\boxed{} + \boxed{} = \boxed{}$$

$$\boxed{} + \boxed{} = \boxed{}$$

⑦

$$56-37=19$$

$$\boxed{} + \boxed{} = \boxed{}$$

$$\boxed{} + \boxed{} = \boxed{}$$

⑧

$$94-39=55$$

$$\boxed{} + \boxed{} = \boxed{}$$

$$\boxed{} + \boxed{} = \boxed{}$$

12 덧셈식에서 □의 값 구하기

정답 · 25쪽

○ □ 안에 알맞은 수를 써넣으시오.

① $9 + \boxed{} = 13$

② $15 + \boxed{} = 22$

③ $28 + \boxed{} = 75$

④ $31 + \boxed{} = 60$

⑤ $49 + \boxed{} = 64$

⑥ $55 + \boxed{} = 93$

⑦ $67 + \boxed{} = 81$

⑧ $78 + \boxed{} = 90$

⑨ $\boxed{} + 26 = 42$

⑩ $\boxed{} + 37 = 75$

⑪ $\boxed{} + 42 = 61$

⑫ $\boxed{} + 54 = 81$

⑬ $\boxed{} + 68 = 84$

⑭ $\boxed{} + 79 = 93$

13 뺄셈식에서 □의 값 구하기

정답·25쪽

○ □ 안에 알맞은 수를 써넣으시오.

① $22 - \boxed{} = 14$

② $30 - \boxed{} = 11$

③ $51 - \boxed{} = 16$

④ $63 - \boxed{} = 37$

⑤ $65 - \boxed{} = 49$

⑥ $86 - \boxed{} = 58$

⑦ $93 - \boxed{} = 15$

⑧ $97 - \boxed{} = 48$

⑨ $\boxed{} - 17 = 27$

⑩ $\boxed{} - 34 = 26$

⑪ $\boxed{} - 43 = 28$

⑫ $\boxed{} - 25 = 49$

⑬ $\boxed{} - 68 = 14$

⑭ $\boxed{} - 59 = 36$

1 여러 가지 단위로 길이 재기

정답 • 25쪽

○ 물건의 길이는 몇 뼘인지 구해 보시오.

1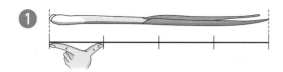

(   )

2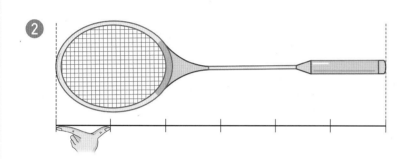

(   )

○ 색 테이프의 길이는 물건으로 몇 번인지 구해 보시오.

3

(   )

4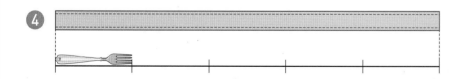

(   )

5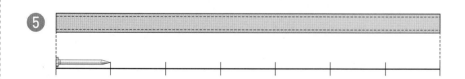

(   )

② 1 cm

정답 • 25쪽

○ 주어진 길이는 1 cm로 몇 번인지 구해 보시오.

①

1 cm [ ] 번

②

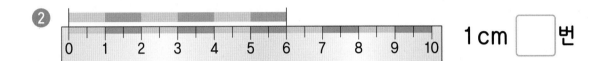

1 cm [ ] 번

③

1 cm [ ] 번

○ 물건의 길이는 몇 cm인지 쓰고 읽어 보시오.

④

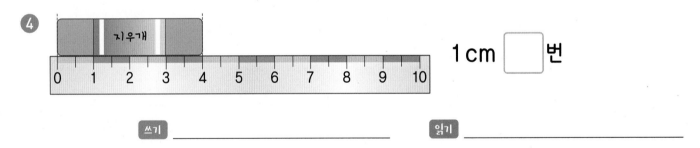

1 cm [ ] 번

쓰기 _____   읽기 _____

⑤

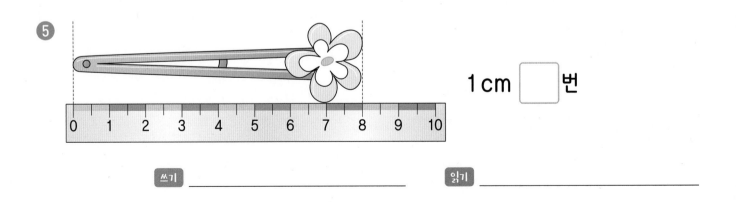

1 cm [ ] 번

쓰기 _____   읽기 _____

③ 자로 길이 재기

정답 · 25쪽

○ 물건의 길이는 몇 cm인지 구해 보시오.

1

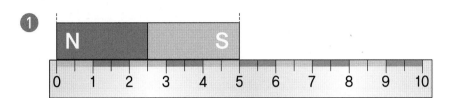

( )

2

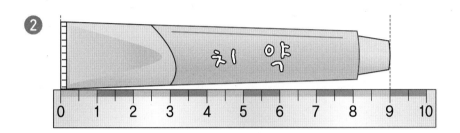

( )

3

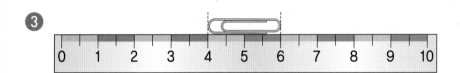

( )

○ 물건의 길이는 몇 cm인지 자로 재어 보시오.

4

( )

5

( )

6

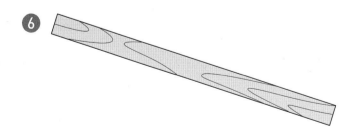

( )

4 길이를 약 몇 cm로 나타내기

정답 · 25쪽

○ 물건의 길이는 약 몇 cm인지 구해 보시오.

1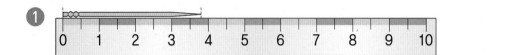

(   )

2

(   )

3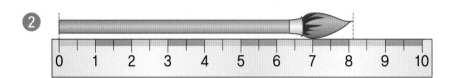

(   )

○ 물건의 길이는 약 몇 cm인지 자로 재어 보시오.

4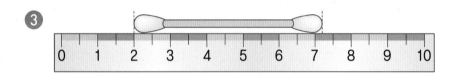

(   )

5

(   )

6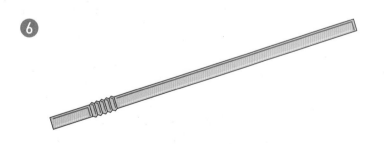

(   )

1 분류

정답 · 26쪽

○ 분류 기준으로 알맞은 것을 찾아 ◯표 하시오.

1

(   ) 예쁜 접시와 예쁘지 않은 접시

(   ) 잘 깨지는 접시와 잘 깨지지 않는 접시

(   ) 원 모양 접시와 사각형 모양 접시

2

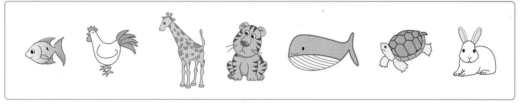

(   ) 좋아하는 것과 좋아하지 않는 것

(   ) 물에서 살 수 있는 것과 살 수 없는 것

(   ) 무서운 것과 무섭지 않은 것

3

(   ) 음악을 연주할 수 있는 것과 연주할 수 없는 것

(   ) 비싼 것과 비싸지 않은 것

(   ) 재미있는 것과 재미없는 것

② 기준에 따라 분류하기

정답 · 26쪽

○ 정해진 기준에 따라 분류하여 빈칸에 알맞은 기호를 써넣으시오.

1

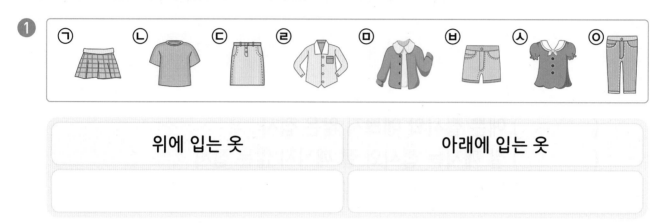

위에 입는 옷	아래에 입는 옷

2

하늘에서 타는 것	땅에서 타는 것	물에서 타는 것

3

딸기 맛 사탕	초콜릿 맛 사탕	포도 맛 사탕

3 분류하여 세어 보기

정답 · 26쪽

○ 물건을 종류에 따라 분류하고 그 수를 세어 보시오.

1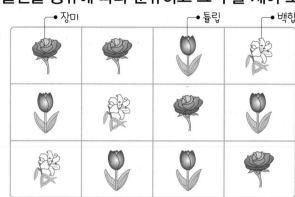

종류	장미	튤립	백합
꽃 수 (송이)			

2

맛	딸기 맛	바나나 맛	초콜릿 맛
우유 수 (개)			

3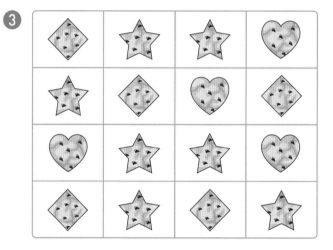

모양	◇	☆	♡
과자 수 (개)			

4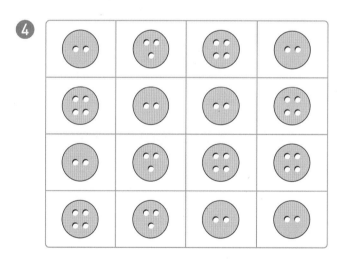

구멍 수	2개	3개	4개
단추 수 (개)			

4 분류한 결과 말하기

정답 · 26쪽

○ 형주네 반 친구들이 좋아하는 운동을 조사하였습니다. 물음에 답하시오.

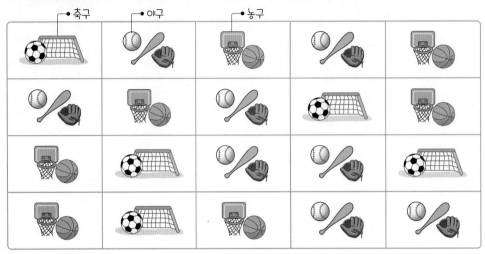

❶ 운동을 종목에 따라 분류하고 그 수를 세어 보시오.

종목	축구	야구	농구
학생 수(명)			

❷ 가장 많은 친구들이 좋아하는 운동은 무엇인지 써 보시오.

(   )

❸ 가장 적은 친구들이 좋아하는 운동은 무엇인지 써 보시오.

(   )

1 묶어 세기

정답 • 26쪽

○ 모두 몇 개인지 묶어 세어 보시오.

①

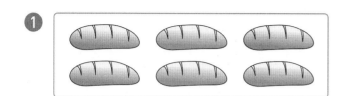

2 ─ ☐ ─ ☐ ⇨ ☐ 개

②

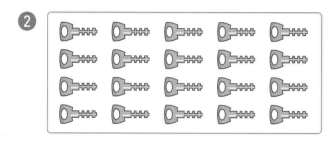

5 ─ ☐ ─ ☐ ─ ☐

⇨ ☐ 개

③

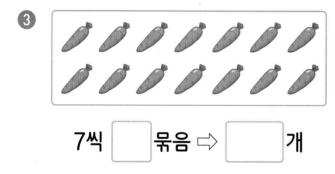

7씩 ☐ 묶음 ⇨ ☐ 개

④

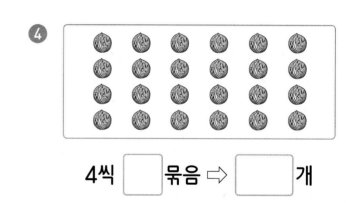

4씩 ☐ 묶음 ⇨ ☐ 개

⑤

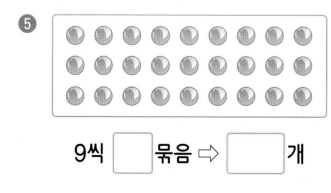

9씩 ☐ 묶음 ⇨ ☐ 개

⑥

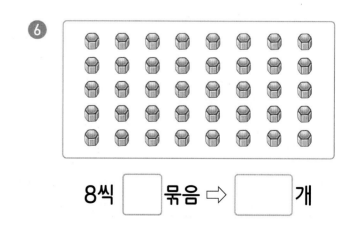

8씩 ☐ 묶음 ⇨ ☐ 개

② 몇의 몇 배

정답 · 26쪽

○ ☐ 안에 알맞은 수를 써넣으시오.

① 4씩 3묶음

⇨ 4의 ☐ 배

⇨ 4 + ☐ + ☐ = ☐

② 5씩 4묶음

⇨ 5의 ☐ 배

⇨ 5 + ☐ + ☐ + ☐ = ☐

③ 3씩 5묶음

⇨ 3의 ☐ 배

⇨ 3 + ☐ + ☐ + ☐ + ☐ = ☐

④ 9씩 6묶음

⇨ 9의 ☐ 배

⇨ 9 + ☐ + ☐ + ☐ + ☐ + ☐ = ☐

⑤ 6씩 7묶음

⇨ 6의 ☐ 배

⇨ 6 + ☐ + ☐ + ☐ + ☐ + ☐ + ☐

= ☐

3 **곱셈식**

정답 • 26쪽

○ 다음을 보고 덧셈식과 곱셈식으로 나타내어 보시오.

1 　7의 3배

덧셈식 □ + □ + □ = □

곱셈식 □ × □ = □

2 　2의 6배

덧셈식 □ + □ + □ + □ + □ + □

= □

곱셈식 □ × □ = □

○ □ 안에 알맞은 수를 써넣으시오.

3 5+5= □ ⇨ □ × □ = □

4 4+4+4+4+4= □ ⇨ □ × □ = □

5 8+8+8+8+8+8= □ ⇨ □ × □ = □

6 9+9+9+9+9+9+9= □ ⇨ □ × □ = □

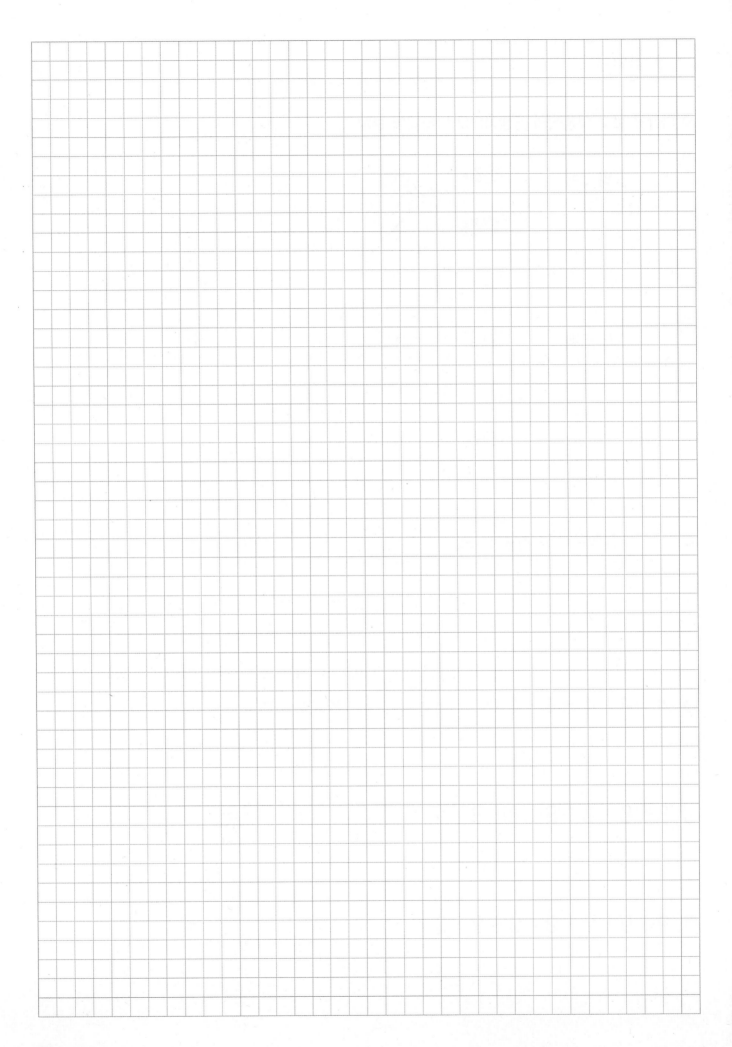

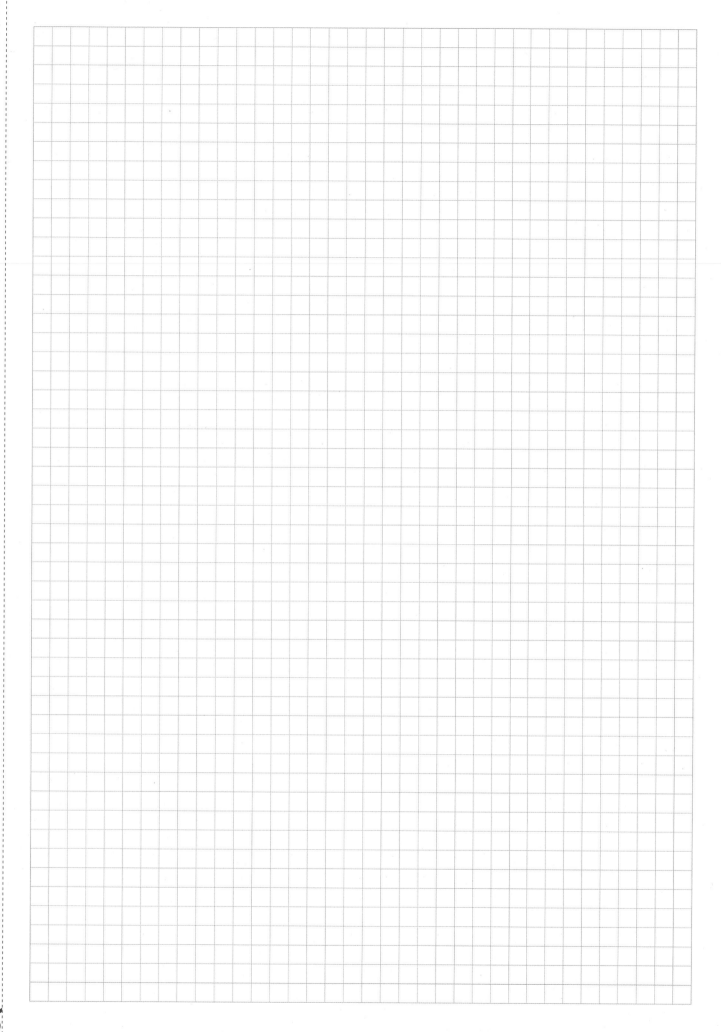

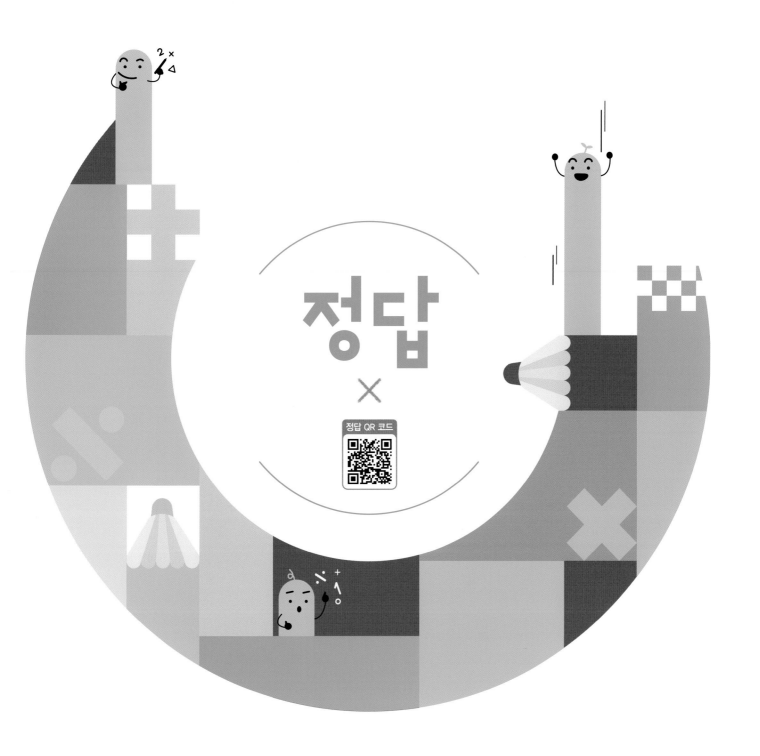

정답

정답 QR 코드

개념+연산

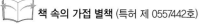
책 속의 가접 별책 (특허 제 0557442호)

'정답'은 메인 북에서 쉽게 분리할 수 있도록 제작되었으므로
유통 과정에서 분리될 수 있으나 파본이 아닌 정상 제품입니다.

초등 수학

2 / 1

ABOVE IMAGINATION

우리는 남다른 상상과 혁신으로
교육 문화의 새로운 전형을 만들어
모든 이의 행복한 경험과 성장에 기여한다

개념 + 연산

정답

초등수학 2·1

1. 세 자리 수

① 백, 몇백

1일차

8쪽

❶ 1, 100

❷ 10, 100

❸ 10, 100

❹ 백

9쪽

❺ 3, 300

❻ 5, 500

❼ 4, 400

❽ 8, 800

❾ 7, 700

2일차

10쪽

❶ 100

❷ 600

❸ 400

❹ 500

❺ 800

❻ 300

❼ 이백

❽ 구백

❾ 팔백

❿ 육백

⓫ 칠백

⓬ 백

11쪽

⓭ 200

⓮ 100

⓯ 100

⓰ 600

⓱ 100

⓲ 900

⓳ 100

⓴ 700

㉑ 300

㉒ 100

㉓ 500

㉔ 100

② 세 자리 수

3일차

12쪽

❶ 1, 3, 5 / 135

❷ 2, 4, 3 / 243

❸ 3, 1, 6 / 316

13쪽

❹ 271 / 이백칠십일

❺ 412 / 사백십이

❻ 350 / 삼백오십

❼ 164 / 백육십사

❽ 528 / 오백이십팔

❾ 409 / 사백구

4일차

14쪽

❶ 221

❷ 495

❸ 560

❹ 658

❺ 737

❻ 843

❼ 백칠십육

❽ 삼백사십팔

❾ 오백삼십칠

❿ 육백십사

⓫ 구백팔십일

⓬ 이백구

15쪽

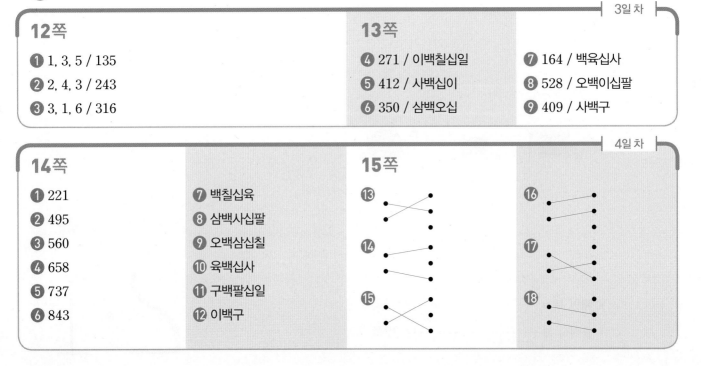

③ 세 자리 수의 자릿값

5일차

16쪽

❶ 10, 4 / 500, 10, 4
❷ 20, 6 / 700, 20, 6
❸ 80, 3 / 400, 80, 3

17쪽

❹ 3, 7, 6
❺ 5, 6, 1
❻ 7, 5, 2
❼ 8, 3, 5
❽ 6, 2, 3
❾ 1, 9, 7
❿ 2, 8, 0
⓫ 9, 4, 8

6일차

18쪽

❶ 1, 4, 2 / 100, 40, 2
❷ 3, 2, 3 / 300, 20, 3
❸ 7, 4, 6 / 700, 40, 6
❹ 5, 7, 9 / 500, 70, 9
❺ 6, 0, 8 / 600, 0, 8
❻ 9, 5, 0 / 900, 50, 0

19쪽

❼ 7
❽ 600
❾ 50
❿ 700
⓫ 20
⓬ 6
⓭ 0
⓮ 5
⓯ 10
⓰ 4
⓱ 100
⓲ 70
⓳ 8
⓴ 900

④ 뛰어 세기

7일차

20쪽

❶ 600, 700, 800
❷ 560, 660, 760
❸ 445, 545, 645
❹ 670, 870, 970
❺ 551, 751, 851
❻ 509, 709, 809

21쪽

❼ 740, 750, 760
❽ 852, 872, 882
❾ 590, 600, 620
❿ 432, 434, 435
⓫ 358, 360, 361
⓬ 194, 196, 198
⓭ 996, 997, 1000

8일차

22쪽

❶ 10
❷ 100
❸ 1
❹ 100
❺ 1
❻ 10
❼ 1
❽ 10
❾ 100
❿ 10

23쪽

⓫ 543, 553, 563
⓬ 330, 530, 630
⓭ 997, 998, 1000
⓮ 628, 728, 828
⓯ 201, 204, 205
⓰ 764, 784, 804
⓱ 699, 709, 729

⑤ 수의 크기 비교

24쪽

❶ 5, 3, 2 / <
❷ 2, 6, 7 / >
❸ 7, 1, 1 / <
❹ 8, 4, 6 / >

25쪽

❺ <
❻ <
❼ >
❽ <
❾ >
❿ <
⓫ >

⓬ >
⓭ <
⓮ <
⓯ >
⓰ <
⓱ >
⓲ <

⓳ <
⓴ >
㉑ >
㉒ <
㉓ <
㉔ >
㉕ <

26쪽

❶ 5, 9, 6 / 4, 6, 9 / 621 / 469
❷ 1, 6, 7 / 2, 6, 2 / 375 / 167
❸ 5, 3, 2 / 5, 2, 8 / 532 / 487

❹ 4, 3, 3 / 3, 2, 9 / 433 / 329
❺ 5, 9, 8 / 6, 6, 9 / 669 / 598
❻ 8, 7, 0 / 8, 0, 7 / 870 / 807

27쪽

❼ 643 / 346
❽ 821 / 581
❾ 503 / 339
❿ 746 / 698

⓫ 891 / 818
⓬ 279 / 272
⓭ 117 / 108
⓮ 978 / 973

평가 1. 세 자리 수

28쪽

1 200
2 317
3 541
4 400
5 100
6 1000
7 146 / 백사십육
8 293 / 이백구십삼
9 6, 9, 2
10 4, 5, 7

29쪽

11 40
12 1
13 420, 421, 424
14 897, 907, 927
15 285, 485, 585

16 >
17 <
18 >
19 679 / 596
20 584 / 545

🔗 틀린 문제는 클리닉 북에서 보충할 수 있습니다.

1 1쪽
2 2쪽
3 2쪽
4 1쪽
5 1쪽
6 4쪽
7 2쪽
8 2쪽
9 3쪽
10 3쪽
11 3쪽
12 3쪽
13 4쪽
14 4쪽
15 4쪽
16 5쪽
17 5쪽
18 5쪽
19 5쪽
20 5쪽

2. 여러 가지 도형

① 삼각형

1일차

32쪽

❶ ( )( )(○)
❷ ( )(○)( )
❸ (○)( )( )
❹ ( )( )(○)
❺ (○)( )( )

33쪽

❻ ○ ⓫ × ⓰ ○
❼ × ⓬ ○ ⓱ ×
❽ ○ ⓭ × ⓲ ×
❾ × ⓮ × ⓳ ○
❿ ○ ⓯ × ⓴ ○

② 사각형

2일차

34쪽

❶ ( )(○)( )
❷ ( )( )(○)
❸ (○)( )( )
❹ ( )(○)( )
❺ ( )( )(○)

35쪽

❻ × ⓫ × ⓰ ○
❼ ○ ⓬ × ⓱ ×
❽ × ⓭ ○ ⓲ ×
❾ ○ ⓮ × ⓳ ×
❿ × ⓯ ○ ⓴ ○

③ 원

3일차

36쪽

❶ ( )(○)( )
❷ ( )( )(○)
❸ ( )(○)( )
❹ (○)( )( )
❺ ( )( )(○)

37쪽

❻ × ⓫ ○ ⓰ ×
❼ ○ ⓬ × ⓱ ×
❽ × ⓭ × ⓲ ×
❾ ○ ⓮ × ⓳ ○
❿ × ⓯ ○ ⓴ ×

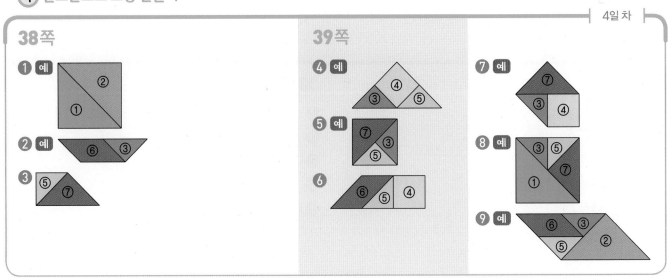

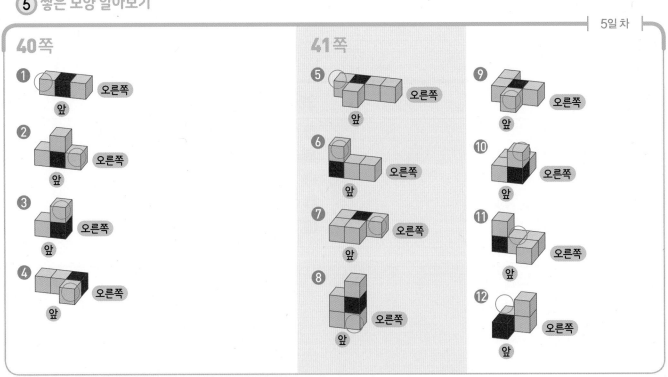

42쪽

❶ (○)( )( )
❷ ( )(○)( )
❸ (○)( )( )
❹ ( )(○)( )

43쪽

❺ ( )( )(○)
❻ ( )(○)( )
❼ (○)( )( )
❽ ( )(○)( )

평가   2. 여러 가지 도형

44쪽

1 ○
2 □
3 □
4 ○
5 ✕
6 ○

7 예
③ ④ ⑤

8 예
③ ⑥ ⑤

9 예
④ ⑥ ⑤ ⑦

45쪽

10
오른쪽
앞

11
오른쪽
앞

12
오른쪽
앞

13
오른쪽
앞

14 (○)( )
15 ( )(○)
16 (○)( )

틀린 문제는 클리닉 북에서 보충할 수 있습니다.

1 7쪽	7 10쪽	10 11쪽	14 12쪽
2 8쪽	8 10쪽	11 11쪽	15 12쪽
3 8쪽	9 10쪽	12 11쪽	16 12쪽
4 7쪽		13 11쪽	
5 9쪽			
6 9쪽			

3. 덧셈과 뺄셈

① 일의 자리에서 받아올림이 있는 (두 자리 수) + (한 자리 수)

1일차

48쪽

❶ 20	❻ 50
❷ 22	❼ 61
❸ 33	❽ 70
❹ 31	❾ 82
❺ 40	❿ 93

49쪽

⑪ 25	⑮ 47	⑲ 72
⑫ 26	⑯ 51	⑳ 80
⑬ 31	⑰ 53	㉑ 88
⑭ 35	⑱ 61	㉒ 92

2일차

50쪽

❶ 20	❼ 42	⑬ 71
❷ 23	❽ 51	⑭ 72
❸ 24	❾ 58	⑮ 81
❹ 32	❿ 60	⑯ 86
❺ 33	⑪ 61	⑰ 94
❻ 42	⑫ 67	⑱ 95

51쪽

⑲ 20	㉖ 41	㉝ 74
⑳ 23	㉗ 51	㉞ 80
㉑ 30	㉘ 55	㉟ 84
㉒ 35	㉙ 63	㊱ 83
㉓ 33	㉚ 60	㊲ 92
㉔ 46	㉛ 67	㊳ 91
㉕ 44	㉜ 71	㊴ 95

② 일의 자리에서 받아올림이 있는 (두 자리 수) + (두 자리 수)

3일차

52쪽

❶ 30	❻ 54
❷ 51	❼ 62
❸ 43	❽ 90
❹ 71	❾ 93
❺ 80	❿ 92

53쪽

⑪ 72	⑮ 80	⑲ 72
⑫ 93	⑯ 77	⑳ 80
⑬ 92	⑰ 73	㉑ 91
⑭ 64	⑱ 83	㉒ 91

4일차

54쪽

❶ 31	❼ 61	⑬ 90
❷ 44	❽ 73	⑭ 81
❸ 76	❾ 91	⑮ 83
❹ 60	❿ 62	⑯ 93
❺ 73	⑪ 81	⑰ 94
❻ 88	⑫ 75	⑱ 93

55쪽

⑲ 60	㉖ 92	㉝ 72
⑳ 52	㉗ 55	㉞ 81
㉑ 81	㉘ 84	㉟ 95
㉒ 72	㉙ 73	㊱ 80
㉓ 43	㉚ 60	㊲ 95
㉔ 62	㉛ 94	㊳ 91
㉕ 83	㉜ 73	㊴ 92

①~② 다르게 풀기

5일차

56쪽

❶ 22
❷ 60
❸ 31
❹ 60
❺ 63
❻ 92
❼ 94
❽ 93

57쪽

❾ 40
❿ 37
⓫ 71
⓬ 52
⓭ 65
⓮ 93
⓯ 84
⓰ 95
⓱ 37, 44, 81

③ 십의 자리에서 받아올림이 있는 (두 자리 수) + (두 자리 수)

6일차

58쪽

❶ 106
❷ 117
❸ 119
❹ 135
❺ 108
❻ 148
❼ 136
❽ 119
❾ 147
❿ 127

59쪽

⓫ 108
⓬ 109
⓭ 104
⓮ 128
⓯ 116
⓰ 145
⓱ 114
⓲ 126
⓳ 169
⓴ 148
㉑ 108
㉒ 149

7일차

60쪽

❶ 104
❷ 106
❸ 122
❹ 118
❺ 129
❻ 109
❼ 129
❽ 146
❾ 139
❿ 157
⓫ 105
⓬ 138
⓭ 176
⓮ 117
⓯ 158
⓰ 153
⓱ 109
⓲ 139

61쪽

⓳ 106
⓴ 116
㉑ 117
㉒ 109
㉓ 138
㉔ 119
㉕ 122
㉖ 115
㉗ 139
㉘ 119
㉙ 107
㉚ 159
㉛ 118
㉜ 126
㉝ 138
㉞ 134
㉟ 169
㊱ 108
㊲ 114
㊳ 167
㊴ 185

④ 받아올림이 두 번 있는 (두 자리 수) + (두 자리 수)

8일차

62쪽

❶ 110
❷ 111
❸ 132
❹ 102
❺ 124
❻ 141
❼ 131
❽ 163
❾ 130
❿ 132

63쪽

⓫ 105
⓬ 121
⓭ 112
⓮ 121
⓯ 118
⓰ 153
⓱ 111
⓲ 154
⓳ 153
⓴ 133
㉑ 155
㉒ 150

64쪽

❶ 100
❷ 122
❸ 100
❹ 142
❺ 125
❻ 110
❼ 151
❽ 121
❾ 132
❿ 140
⓫ 124
⓬ 163
⓭ 143
⓮ 161
⓯ 124
⓰ 121
⓱ 182
⓲ 168

65쪽

⓳ 113
⓴ 114
㉑ 135
㉒ 111
㉓ 112
㉔ 135
㉕ 131
㉖ 103
㉗ 150
㉘ 120
㉙ 154
㉚ 137
㉛ 150
㉜ 103
㉝ 112
㉞ 140
㉟ 151
㊱ 173
㊲ 140
㊳ 193
㊴ 175

비법 강의 수 감각을 키우면 **빨라지는 계산 비법**

66쪽 ❗정답을 계산 순서대로 확인합니다.

❶ 30, 15, 45 / 7, 38, 45
❷ 50, 11, 61 / 5, 56, 61

67쪽

❸ 10, 10, 20, 34 / 10, 25, 34
❹ 4, 4, 11, 71 / 30, 64, 71
❺ 40, 40, 70, 84 / 30, 76, 84
❻ 4, 4, 12, 92 / 10, 88, 92

비법 강의 수 감각을 키우면 **빨라지는 계산 비법**

68쪽 ❗정답을 계산 순서대로 확인합니다.

❶ 3, 20, 31 / 3, 34, 31
❷ 1, 50, 84 / 1, 85, 84

69쪽

❸ 2, 30, 41 / 2, 2, 41
❹ 3, 20, 32 / 3, 3, 32
❺ 1, 70, 91 / 1, 1, 91
❻ 1, 30, 66 / 30, 67, 66
❼ 4, 20, 71 / 20, 75, 71

---

❸ ~ ❹ 다르게 풀기

70쪽

❶ 106
❷ 123
❸ 111
❹ 128
❺ 130
❻ 159
❼ 149
❽ 175

71쪽

❾ 116
❿ 106
⓫ 118
⓬ 121
⓭ 160
⓮ 165
⓯ 168
⓰ 184
⓱ 78, 59, 137

5 받아내림이 있는 (두 자리 수)−(한 자리 수)

72쪽

❶ 4
❷ 15
❸ 18
❹ 28
❺ 39

❻ 49
❼ 59
❽ 65
❾ 77
❿ 88

73쪽

⓫ 8
⓬ 16
⓭ 28
⓮ 27

⓯ 38
⓰ 44
⓱ 47
⓲ 58

⓳ 64
⓴ 69
㉑ 75
㉒ 89

74쪽

❶ 7
❷ 9
❸ 18
❹ 17
❺ 24
❻ 29

❼ 31
❽ 37
❾ 44
❿ 47
⓫ 56
⓬ 59

⓭ 66
⓮ 68
⓯ 74
⓰ 76
⓱ 87
⓲ 86

75쪽

⓳ 6
⓴ 9
㉑ 19
㉒ 18
㉓ 25
㉔ 28
㉕ 29

㉖ 37
㉗ 38
㉘ 43
㉙ 49
㉚ 45
㉛ 59
㉜ 59

㉝ 65
㉞ 64
㉟ 67
㊱ 73
㊲ 78
㊳ 88
㊴ 87

6 받아내림이 있는 (몇십)−(몇십몇)

76쪽

❶ 2
❷ 19
❸ 6
❹ 25
❺ 11

❻ 28
❼ 22
❽ 54
❾ 53
❿ 57

77쪽

⓫ 18
⓬ 26
⓭ 13
⓮ 17

⓯ 49
⓰ 35
⓱ 46
⓲ 21

⓳ 62
⓴ 37
㉑ 23
㉒ 64

78쪽

❶ 6
❷ 11
❸ 9
❹ 17
❺ 3
❻ 22

❼ 15
❽ 43
❾ 28
❿ 6
⓫ 47
⓬ 24

⓭ 69
⓮ 42
⓯ 15
⓰ 68
⓱ 56
⓲ 21

79쪽

⓳ 5
⓴ 13
㉑ 7
㉒ 29
㉓ 18
㉔ 6
㉕ 24

㉖ 31
㉗ 2
㉘ 23
㉙ 17
㉚ 39
㉛ 58
㉜ 45

㉝ 29
㉞ 54
㉟ 22
㊱ 8
㊲ 71
㊳ 46
㊴ 15

⑦ 받아내림이 있는 (두 자리 수)−(두 자리 수)

17일 차

80쪽

❶ 4
❷ 19
❸ 8
❹ 18
❺ 18
❻ 37
❼ 55
❽ 57
❾ 29
❿ 73

81쪽

⓫ 9
⓬ 29
⓭ 9
⓮ 29
⓯ 32
⓰ 48
⓱ 46
⓲ 28
⓳ 47
⓴ 25
㉑ 45
㉒ 67

18일 차

82쪽

❶ 6
❷ 14
❸ 4
❹ 27
❺ 9
❻ 27
❼ 19
❽ 14
❾ 9
❿ 48
⓫ 36
⓬ 48
⓭ 7
⓮ 15
⓯ 28
⓰ 49
⓱ 49
⓲ 78

83쪽

⓳ 4
⓴ 5
㉑ 18
㉒ 26
㉓ 6
㉔ 18
㉕ 6
㉖ 36
㉗ 29
㉘ 47
㉙ 18
㉚ 29
㉛ 35
㉜ 9
㉝ 26
㉞ 24
㉟ 54
㊱ 49
㊲ 6
㊳ 79
㊴ 29

비법 강의   수 감각을 키우면 **빨라지는 계산 비법**

19일 차

84쪽 ❗정답을 계산 순서대로 확인합니다.

❶ 3, 30, 27 / 39, 26, 27
❷ 4, 40, 36 / 59, 35, 36

85쪽

❸ 6, 6, 14 / 29, 13, 14
❹ 9, 9, 11 / 49, 10, 11
❺ 2, 2, 28 / 69, 27, 28
❻ 30, 50, 49 / 79, 48, 49
❼ 50, 40, 33 / 89, 32, 33

비법 강의   수 감각을 키우면 **빨라지는 계산 비법**

20일 차

86쪽 ❗정답을 계산 순서대로 확인합니다.

❶ 30, 11, 17 / 3, 20, 17
❷ 50, 13, 16 / 4, 20, 16

87쪽

❸ 40, 24, 26 / 4, 4, 26
❹ 60, 32, 33 / 7, 7, 33
❺ 70, 21, 25 / 5, 5, 25
❻ 80, 43, 48 / 35, 50, 48
❼ 90, 51, 54 / 33, 60, 54

⑤ ~ ⑦ 다르게 풀기

21일 차

88쪽

❶ 18
❺ 23
❷ 8
❻ 28
❸ 16
❼ 69
❹ 39
❽ 39

89쪽

❾ 4
⓭ 57
❿ 39
⓮ 12
⓫ 28
⓯ 76
⓬ 21
⓰ 55
⓱ 75, 28, 47

⑧ 세 수의 덧셈

22일 차

90쪽 ❗정답을 계산 순서대로 확인합니다.

❶ 23, 30 / 30
❺ 35, 84 / 84
❷ 33, 48 / 48
❻ 43, 50 / 50
❸ 13, 50 / 50
❼ 59, 63 / 63
❹ 42, 71 / 71
❽ 72, 90 / 90

91쪽

❾ 28
⓰ 38
❿ 42
⓱ 91
⓫ 56
⓲ 59
⓬ 68
⓳ 90
⓭ 81
⓴ 84
⓮ 52
㉑ 82
⓯ 73
㉒ 93

23일 차

92쪽

❶ 26
❽ 41
❷ 27
❾ 44
❸ 37
❿ 70
❹ 56
⓫ 59
❺ 51
⓬ 76
❻ 70
⓭ 87
❼ 91
⓮ 91

93쪽

⓯ 56
㉒ 75
⓰ 81
㉓ 83
⓱ 66
㉔ 87
⓲ 64
㉕ 84
⓳ 82
㉖ 107
⓴ 89
㉗ 104
㉑ 97
㉘ 106

⑨ 세 수의 뺄셈

24일 차

94쪽 ❗정답을 계산 순서대로 확인합니다.

❶ 12, 9 / 9
❺ 48, 39 / 39
❷ 35, 26 / 26
❻ 37, 21 / 21
❸ 48, 20 / 20
❼ 44, 9 / 9
❹ 55, 29 / 29
❽ 46, 28 / 28

95쪽

❾ 14
⓰ 7
❿ 6
⓱ 10
⓫ 19
⓲ 6
⓬ 26
⓳ 9
⓭ 34
⓴ 10
⓮ 9
㉑ 19
⓯ 27
㉒ 47

96쪽

❶ 9
❷ 18
❸ 15
❹ 19
❺ 32
❻ 27
❼ 40

❽ 12
❾ 9
❿ 29
⓫ 32
⓬ 18
⓭ 39
⓮ 29

97쪽

⓯ 5
⓰ 7
⓱ 8
⓲ 18
⓳ 9
⓴ 13
㉑ 37

㉒ 27
㉓ 17
㉔ 38
㉕ 46
㉖ 16
㉗ 59
㉘ 27

⑩ 세 수의 덧셈과 뺄셈

98쪽 ❗정답을 계산 순서대로 확인합니다.

❶ 20, 17 / 17
❷ 41, 37 / 37
❸ 23, 8 / 8
❹ 72, 29 / 29

❺ 43, 34 / 34
❻ 73, 18 / 18
❼ 54, 29 / 29
❽ 92, 55 / 55

99쪽

❾ 13, 20 / 20
❿ 59, 61 / 61
⓫ 19, 35 / 35
⓬ 37, 55 / 55

⓭ 26, 34 / 34
⓮ 14, 81 / 81
⓯ 27, 40 / 40
⓰ 38, 73 / 73

100쪽

❶ 18
❷ 29
❸ 57
❹ 19
❺ 29
❻ 63
❼ 72

❽ 27
❾ 9
❿ 18
⓫ 19
⓬ 18
⓭ 57
⓮ 34

101쪽

⓯ 21
⓰ 35
⓱ 51
⓲ 52
⓳ 70
⓴ 48
㉑ 34

㉒ 43
㉓ 41
㉔ 52
㉕ 81
㉖ 90
㉗ 36
㉘ 84

⑧ ~ ⑩ 다르게 풀기

102쪽

❶ 31
❷ 7
❸ 15
❹ 17

❺ 24
❻ 91
❼ 19
❽ 73

103쪽

❾ 9
❿ 57
⓫ 99
⓬ 74

⓭ 32
⓮ 90
⓯ 18
⓰ 74
⓱ 44, 19, 25, 38

⑪ 덧셈과 뺄셈의 관계

29일 차

104쪽
❶ 14, 8 / 8, 14
❷ 33, 6 / 33, 27
❸ 60, 38 / 60, 22
❹ 49, 44 / 44, 49
❺ 81, 29 / 81, 52
❻ 82, 67 / 82, 15

105쪽
❼ 7, 5 / 5, 7
❽ 14, 23 / 9, 23
❾ 23, 41 / 18, 41
❿ 24, 26 / 26, 24
⓫ 46, 62 / 16, 62
⓬ 38, 83 / 45, 83

30일 차

106쪽
❶ 20, 15, 5 / 20, 5, 15
❷ 45, 26, 19 / 45, 19, 26
❸ 41, 34, 7 / 41, 7, 34
❹ 72, 39, 33 / 72, 33, 39
❺ 87, 48, 39 / 87, 39, 48
❻ 80, 55, 25 / 80, 25, 55
❼ 82, 64, 18 / 82, 18, 64
❽ 94, 77, 17 / 94, 17, 77

107쪽
❾ 7, 9, 16 / 9, 7, 16
❿ 9, 12, 21 / 12, 9, 21
⓫ 27, 5, 32 / 5, 27, 32
⓬ 29, 11, 40 / 11, 29, 40
⓭ 25, 28, 53 / 28, 25, 53
⓮ 49, 26, 75 / 26, 49, 75
⓯ 35, 47, 82 / 47, 35, 82
⓰ 57, 39, 96 / 39, 57, 96

⑫ 덧셈식에서 □의 값 구하기

31일 차

108쪽
❶ 8 / 8
❷ 9 / 9
❸ 17 / 17
❹ 19 / 19
❺ 25 / 25
❻ 27 / 27

109쪽
❼ 9 / 9
❽ 17 / 17
❾ 16 / 16
❿ 19 / 19
⓫ 28 / 28
⓬ 29 / 29

32일 차

110쪽
❶ 7 / 7
❷ 9
❸ 8
❹ 17
❺ 21
❻ 38
❼ 25
❽ 22
❾ 19
❿ 37
⓫ 29
⓬ 28
⓭ 36
⓮ 26

111쪽
⓯ 6 / 6
⓰ 9
⓱ 5
⓲ 16
⓳ 39
⓴ 43
㉑ 25
㉒ 19
㉓ 29
㉔ 44
㉕ 28
㉖ 34
㉗ 15
㉘ 27

⑬ 뺄셈식에서 □의 값 구하기

33일 차

112쪽
❶ 9 / 9
❷ 14 / 14
❸ 19 / 19
❹ 18 / 18
❺ 28 / 28
❻ 51 / 51

113쪽
❼ 13 / 13
❽ 24 / 24
❾ 32 / 32
❿ 37 / 37
⓫ 61 / 61
⓬ 68 / 68

114쪽

❶ 4 / 4
❷ 17
❸ 18
❹ 29
❺ 15
❻ 39
❼ 14

❽ 27
❾ 19
❿ 24
⓫ 39
⓬ 25
⓭ 27
⓮ 55

115쪽

⓯ 15 / 15
⓰ 21
⓱ 25
⓲ 31
⓳ 34
⓴ 40
㉑ 47

㉒ 51
㉓ 55
㉔ 63
㉕ 70
㉖ 72
㉗ 82
㉘ 96

⓫ ~ ⓭ 다르게 풀기

116쪽

❶ 33, 16, 17 / 33, 17, 16
❷ 42, 24, 18 / 42, 18, 24
❸ 91, 39, 52 / 91, 52, 39

❹ 19, 11, 30 / 11, 19, 30
❺ 17, 39, 56 / 39, 17, 56
❻ 57, 25, 82 / 25, 57, 82

117쪽

❼ 7
❽ 31
❾ 16
❿ 27

⓫ 14
⓬ 28
⓭ 22
⓮ 54
⓯ 17 / 8

평가 3. 덧셈과 뺄셈

118쪽

1 30
2 64
3 121
4 23
5 46

6 62
7 75
8 123
9 164
10 37
11 23
12 27

119쪽

13 70
14 8
15 16
16 50
17 26
18 32
19 25
20 51

21 61
22 132
23 69
24 16
25 19

🔗 틀린 문제는 클리닉 북에서 보충할 수 있습니다.

1	13쪽	6	13쪽	13	20쪽	21	14쪽
2	14쪽	7	14쪽	14	21쪽	22	16쪽
3	16쪽	8	15쪽	15	22쪽	23	19쪽
4	17쪽	9	16쪽	16	22쪽	24	21쪽
5	19쪽	10	17쪽	17	24쪽	25	22쪽
		11	18쪽	18	24쪽		
		12	19쪽	19	25쪽		
				20	25쪽		

4. 길이 재기

① 여러 가지 단위로 길이 재기

1일 차

122쪽	**123쪽**
❶ 2뼘	❻ 4번
❷ 4뼘	❼ 3번
❸ 3뼘	❽ 5번
❹ 6뼘	❾ 8번
❺ 7뼘	❿ 6번

② 1 cm

2일 차

124쪽	**125쪽**
❶ 2	❻ 5 / 5 cm / 5 센티미터
❷ 4	❼ 6 / 6 cm / 6 센티미터
❸ 5	❽ 8 / 8 cm / 8 센티미터
❹ 3	❾ 9 / 9 cm / 9 센티미터
❺ 7	

③ 자로 길이 재기

3일 차

126쪽	**127쪽**
❶ 2 cm	❻ 5 cm
❷ 6 cm	❼ 9 cm
❸ 7 cm	❽ 4 cm
❹ 3 cm	❾ 5 cm
❺ 4 cm	❿ 8 cm

④ 길이를 약 몇 cm로 나타내기

4일차

128쪽

❶ 약 4 cm
❷ 약 5 cm
❸ 약 7 cm
❹ 약 3 cm
❺ 약 8 cm

129쪽

❻ 약 3 cm
❼ 약 7 cm
❽ 약 5 cm
❾ 약 6 cm
❿ 약 8 cm

평가 4. 길이 재기

5일차

130쪽

1 2뼘
2 5뼘
3 6번
4 8번

5 4번
6 3번
7 2 cm / 2 센티미터
8 4 cm / 4 센티미터

131쪽

9   5 cm
10 4 cm
11 3 cm
12 6 cm
13 5 cm

14 약 3 cm
15 약 5 cm
16 약 2 cm
17 약 4 cm
18 약 7 cm

🔗 틀린 문제는 **클리닉 북**에서 보충할 수 있습니다.

1	27쪽	5	28쪽	9	29쪽	14	30쪽
2	27쪽	6	28쪽	10	29쪽	15	30쪽
3	27쪽	7	28쪽	11	29쪽	16	30쪽
4	27쪽	8	28쪽	12	29쪽	17	30쪽
				13	29쪽	18	30쪽

5. 분류하기

① 분류

1일차

134쪽

❶ (　　)
　(○)
　(　　)
❷ (　　)
　(　　)
　(○)
❸ (　　)
　(○)
　(　　)

135쪽

❹ (　　)
　(○)
　(　　)
❺ (○)
　(　　)
　(　　)
❻ (　　)
　(　　)
　(○)

② 기준에 따라 분류하기

2일 차

136쪽

❶ ㉠, ㉢, ㉤, ㉥ / ㉡, ㉣

❷ ㉠, ㉡, ㉥ / ㉢, ㉣, ㉤

❸ ㉡, ㉤ / ㉠, ㉢, ㉣, ㉥

137쪽

❹ ㉣, ㉤ / ㉠, ㉥, ㉦ / ㉡, ㉢, ㉧

❺ ㉠, ㉣, ㉦ / ㉡, ㉤, ㉧ / ㉢, ㉥

❻ ㉠, ㉥, ㉧ / ㉡ / ㉢, ㉣, ㉤, ㉦

③ 분류하여 세어 보기

3일 차

138쪽

❶ 〰〰, 〰〰, 〰〰 / 6, 2, 4

❷ 〰〰, 〰〰, 〰〰 / 4, 3, 5

❸ 〰〰, 〰〰, 〰〰 / 5, 6, 1

139쪽

❹ 5, 7

❺ 3, 5, 4

❻ 5, 3, 4

❼ 4, 7, 5

❽ 6, 4, 6

❾ 5, 4, 7

④ 분류한 결과 말하기

4일 차

140쪽

❶ 9, 5, 6

❷ 인형

❸ 자동차

141쪽

❹ 6, 9, 5

❺ 포도 맛 주스

❻ 오렌지 맛 주스

평가 5. 분류하기

5일 차

142쪽

1 (　　)
　(○)
　(　　)
2 (　　)
　(　　)
　(○)

3 ㉠, ㉣, ㉥ /
　㉢, ㉤, ㉦ /
　㉡, ㉧

4 ㉠, ㉥, ㉦ /
　㉡, ㉢, ㉤ /
　㉣, ㉧

143쪽

5 5, 7

6 4, 4, 4

7 3, 4, 5

8 5, 3, 8

9 피자빵

10 단팥빵

🔗 틀린 문제는 클리닉 북에서 보충할 수 있습니다.

1	31쪽	3	32쪽	5	33쪽	8	34쪽
2	31쪽	4	32쪽	6	33쪽	9	34쪽
				7	33쪽	10	34쪽

6. 곱셈

① 묶어 세기

1일차

146쪽

❶ 2 / 14, 14

❷ 3 / 10, 15, 15

❸ 4 / 6, 9, 12, 12

147쪽

❹ 18, 18

❺ 14, 21, 21

❻ 12, 18, 24, 24

❼ 8, 12, 16, 16

2일차

148쪽

❶ 5, 10

❷ 6, 18

❸ 4, 20

❹ 3, 27

❺ 7, 28

❻ 5, 30

149쪽

❼ 6, 12

❽ 7, 35

❾ 9, 36

❿ 8, 24

⓫ 4, 32

⓬ 5, 45

② 몇의 몇 배

3일차

150쪽

❶ 2, 2

❷ 4, 4

❸ 6, 6

151쪽

❹ 3 / 3 / 9, 9, 27

❺ 4 / 4 / 8, 8, 8, 32

❻ 5 / 5 / 4, 4, 4, 20

❼ 6 / 6 / 2, 2, 2, 12

4일차

152쪽

❶ 3 / 3 / 8, 8, 24

❷ 4 / 4 / 9, 9, 9, 36

❸ 5 / 5 / 7, 7, 7, 7, 35

❹ 7 / 7 / 2, 2, 2, 2, 2, 14

153쪽

❺ 3 / 7, 7, 21

❻ 4 / 4, 4, 4, 16

❼ 5 / 8, 8, 8, 8, 40

❽ 6 / 6, 6, 6, 6, 6, 36

❾ 7 / 9, 9, 9, 9, 9, 9, 63

③ 곱셈식

5일차

154쪽

❶ 8, 8, 16 / 8, 2, 16
❷ 6, 6, 6, 18 / 6, 3, 18
❸ 5, 5, 5, 5, 20 / 5, 4, 20

155쪽

❹ 7, 7, 14 / 7, 2, 14
❺ 4, 4, 4, 12 / 4, 3, 12
❻ 6, 6, 6, 6, 24 / 6, 4, 24
❼ 9, 9, 9, 9, 9, 45 / 9, 5, 45
❽ 8, 8, 8, 8, 8, 8, 48 / 8, 6, 48

6일차

156쪽

❶ 8 / 4, 2, 8
❷ 6 / 2, 3, 6
❸ 12 / 3, 4, 12
❹ 25 / 5, 5, 25
❺ 42 / 6, 7, 42
❻ 72 / 9, 8, 72
❼ 63 / 7, 9, 63

157쪽

❽ $5 \times 3 = 15$
❾ $6 \times 5 = 30$
❿ $7 \times 6 = 42$
⓫ $4 \times 8 = 32$
⓬ $2 \times 9 = 18$

평가 6. 곱셈

7일차

158쪽

1 8, 16
2 5, 25
3 4, 28

4 2 / 6, 6, 12
5 4 / 9, 9, 9, 9, 36
6 3 / 8, 8, 8, 24

159쪽

7 $3+3+3+3+3+3+3+3+3=27$ /
   $3 \times 9 = 27$
8 $5+5+5+5+5+5+5+5=40$ /
   $5 \times 8 = 40$
9 $7+7+7+7+7+7+7=49$ /
   $7 \times 7 = 49$
10 $9+9+9+9+9+9=54$ /
   $9 \times 6 = 54$

11 15 / $3 \times 5 = 15$
12 30 / $5 \times 6 = 30$
13 28 / $4 \times 7 = 28$
14 42 / $7 \times 6 = 42$
15 64 / $8 \times 8 = 64$

∞ 틀린 문제는 클리닉 북에서 보충할 수 있습니다.

1 35쪽	4 36쪽	7 37쪽	11 37쪽
2 35쪽	5 36쪽	8 37쪽	12 37쪽
3 35쪽	6 36쪽	9 37쪽	13 37쪽
		10 37쪽	14 37쪽
			15 37쪽

1. 세 자리 수

1쪽 ① 백, 몇백

❶ 200
❷ 900
❸ 삼백
❹ 오백
❺ 400
❻ 100
❼ 500
❽ 100
❾ 700
❿ 900
⓫ 100
⓬ 100

2쪽 ② 세 자리 수

❶ 237 / 이백삼십칠
❷ 184 / 백팔십사
❸ 450 / 사백오십
❹ 641 / 육백사십일
❺ 389
❻ 703
❼ 백육십
❽ 오백이십팔

3쪽 ③ 세 자리 수의 자릿값

❶ 1, 4, 0 / 100, 40, 0
❷ 5, 3, 9 / 500, 30, 9
❸ 4, 0, 2 / 400, 0, 2
❹ 7, 6, 8 / 700, 60, 8
❺ 300
❻ 80
❼ 6
❽ 0

4쪽 ④ 뛰어 세기

❶ 100
❷ 1
❸ 10
❹ 10
❺ 517, 617, 817
❻ 928, 929, 930
❼ 216, 246, 256
❽ 703, 713, 733

5쪽 ⑤ 수의 크기 비교

❶ >
❷ <
❸ >
❹ <
❺ >
❻ <
❼ >
❽ <
❾ >
❿ >
⓫ <
⓬ <
⓭ 321 / 132
⓮ 499 / 493
⓯ 565 / 506
⓰ 782 / 698

2. 여러 가지 도형

7쪽 ① 삼각형

❶ ( )( )( )(○)
❷ ( )(○)( )( )
❸ ×
❹ ○
❺ ○
❻ ×
❼ ○
❽ ×
❾ ○
❿ ×
⓫ ○

❶ (○)( )( )( )
❷ ( )( )(○)( )
❸ ×   ❹ ○   ❺ ×
❻ ○   ❼ ×   ❽ ○
❾ ×   ❿ ○   ⑪ ×

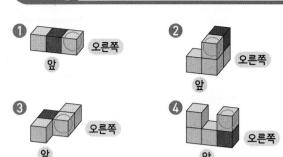

❶ ( )( )(○)( )
❷ ( )(○)( )( )
❸ ×   ❹ ○   ❺ ×
❻ ○   ❼ ×   ❽ ×
❾ ×   ❿ ×   ⑪ ○

❶ ( )( )(○)( )
❷ ( )( )( )(○)
❸ ( )( )(○)
❹ (○)( )( )

3. 덧셈과 뺄셈

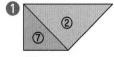

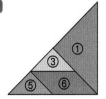

❶ 22   ❷ 30   ❸ 36
❹ 41   ❺ 52   ❻ 60
❼ 73   ❽ 81   ❾ 95
❿ 21   ⑪ 34   ⑫ 47
⑬ 52   ⑭ 61   ⑮ 63
⑯ 70   ⑰ 84   ⑱ 98

❶ 33   ❷ 71   ❸ 50
❹ 93   ❺ 54   ❻ 80
❼ 84   ❽ 80   ❾ 95
❿ 41   ⓫ 72   ⓬ 63
⓭ 72   ⓮ 71   ⓯ 64
⓰ 83   ⓱ 80   ⓲ 92

15쪽 **3** 십의 자리에서 받아올림이 있는
(두 자리 수)+(두 자리 수)

❶ 104   ❷ 108   ❸ 127
❹ 109   ❺ 129   ❻ 126
❼ 158   ❽ 134   ❾ 169
❿ 109   ⓫ 117   ⓬ 117
⓭ 119   ⓮ 138   ⓯ 155
⓰ 147   ⓱ 175   ⓲ 148

16쪽 **4** 받아올림이 두 번 있는 (두 자리 수)+(두 자리 수)

❶ 102   ❷ 121   ❸ 111
❹ 141   ❺ 123   ❻ 154
❼ 132   ❽ 180   ❾ 161
❿ 113   ⓫ 111   ⓬ 120
⓭ 140   ⓮ 121   ⓯ 143
⓰ 171   ⓱ 122   ⓲ 155

17쪽 **5** 받아내림이 있는 (두 자리 수)−(한 자리 수)

❶ 8   ❷ 15   ❸ 24
❹ 39   ❺ 48   ❻ 56
❼ 67   ❽ 78   ❾ 87
❿ 7   ⓫ 17   ⓬ 25
⓭ 39   ⓮ 48   ⓯ 58
⓰ 62   ⓱ 78   ⓲ 89

18쪽 **6** 받아내림이 있는 (몇십)−(몇십몇)

❶ 7   ❷ 16   ❸ 18
❹ 39   ❺ 25   ❻ 43
❼ 31   ❽ 12   ❾ 54
❿ 15   ⓫ 23   ⓬ 19
⓭ 36   ⓮ 52   ⓯ 14
⓰ 41   ⓱ 67   ⓲ 38

19쪽 **7** 받아내림이 있는 (두 자리 수)−(두 자리 수)

❶ 3   ❷ 19   ❸ 8
❹ 29   ❺ 17   ❻ 27
❼ 19   ❽ 68   ❾ 57
❿ 19   ⓫ 28   ⓬ 26
⓭ 47   ⓮ 39   ⓯ 58
⓰ 39   ⓱ 65   ⓲ 28

20쪽 **8** 세 수의 덧셈

❶ 37   ❷ 62
❸ 41   ❹ 53
❺ 67   ❻ 92
❼ 56   ❽ 69
❾ 81   ❿ 63
⓫ 94   ⓬ 116
⓭ 110   ⓮ 121

21쪽 **9** 세 수의 뺄셈

❶ 9   ❷ 26
❸ 9   ❹ 18
❺ 29   ❻ 38
❼ 12   ❽ 9
❾ 18   ❿ 39
⓫ 40   ⓬ 9
⓭ 19   ⓮ 17

22쪽 ⑩ 세 수의 덧셈과 뺄셈

❶ 35
❷ 57
❸ 22
❹ 36
❺ 19
❻ 48
❼ 74
❽ 49
❾ 31
❿ 41
⓫ 32
⓬ 42
⓭ 73
⓮ 82

23쪽 ⑪ 덧셈과 뺄셈의 관계

❶ 26, 18, 8 / 26, 8, 18
❷ 50, 34, 16 / 50, 16, 34
❸ 74, 47, 27 / 74, 27, 47
❹ 92, 63, 29 / 92, 29, 63
❺ 17, 8, 25 / 8, 17, 25
❻ 28, 13, 41 / 13, 28, 41
❼ 19, 37, 56 / 37, 19, 56
❽ 55, 39, 94 / 39, 55, 94

24쪽 ⑫ 덧셈식에서 □의 값 구하기

❶ 4
❷ 7
❸ 47
❹ 29
❺ 15
❻ 38
❼ 14
❽ 12
❾ 16
❿ 38
⓫ 19
⓬ 27
⓭ 16
⓮ 14

25쪽 ⑬ 뺄셈식에서 □의 값 구하기

❶ 8
❷ 19
❸ 35
❹ 26
❺ 16
❻ 28
❼ 78
❽ 49
❾ 44
❿ 60
⓫ 71
⓬ 74
⓭ 82
⓮ 95

4. 길이 재기

27쪽 ① 여러 가지 단위로 길이 재기

❶ 4뼘
❷ 6뼘
❸ 3번
❹ 5번
❺ 7번

28쪽 ② 1 cm

❶ 3
❷ 6
❸ 9
❹ 4 / 4 cm / 4 센티미터
❺ 8 / 8 cm / 8 센티미터

29쪽 ③ 자로 길이 재기

❶ 5 cm
❷ 9 cm
❸ 2 cm
❹ 3 cm
❺ 7 cm
❻ 8 cm

30쪽 ④ 길이를 약 몇 cm로 나타내기

❶ 약 4 cm
❷ 약 8 cm
❸ 약 5 cm
❹ 약 3 cm
❺ 약 6 cm
❻ 약 9 cm

5. 분류하기

31쪽 **1 분류**

❶ ( )
  ( )
  (○)
❷ ( )
  (○)
  ( )
❸ (○)
  ( )
  ( )

32쪽 **2 기준에 따라 분류하기**

❶ ㉡, ㉣, ㉤, ㉧ / ㉠, ㉢, ㉪, ㉭
❷ ㉡, ㉣, ㉧ / ㉠, ㉪, ㉭ / ㉢, ㉤
❸ ㉠, ㉡, ㉧ / ㉢, ㉣ / ㉤, ㉪, ㉭

33쪽 **3 분류하여 세어 보기**

❶ 4, 5, 3   ❷ 3, 7, 2
❸ 5, 7, 4   ❹ 7, 3, 6

34쪽 **4 분류한 결과 말하기**

❶ 5, 8, 7
❷ 야구
❸ 축구

6. 곱셈

35쪽 **1 묶어 세기**

❶ 4, 6 / 6
❷ 10, 15, 20 / 20
❸ 2, 14   ❹ 6, 24
❺ 3, 27   ❻ 5, 40

36쪽 **2 몇의 몇 배**

❶ 3 / 4, 4, 12
❷ 4 / 5, 5, 5, 20
❸ 5 / 3, 3, 3, 3, 15
❹ 6 / 9, 9, 9, 9, 9, 54
❺ 7 / 6, 6, 6, 6, 6, 6, 42

37쪽 **3 곱셈식**

❶ 7, 7, 7, 21 / 7, 3, 21
❷ 2, 2, 2, 2, 2, 2, 12 / 2, 6, 12
❸ 10 / 5, 2, 10
❹ 20 / 4, 5, 20
❺ 48 / 8, 6, 48
❻ 63 / 9, 7, 63

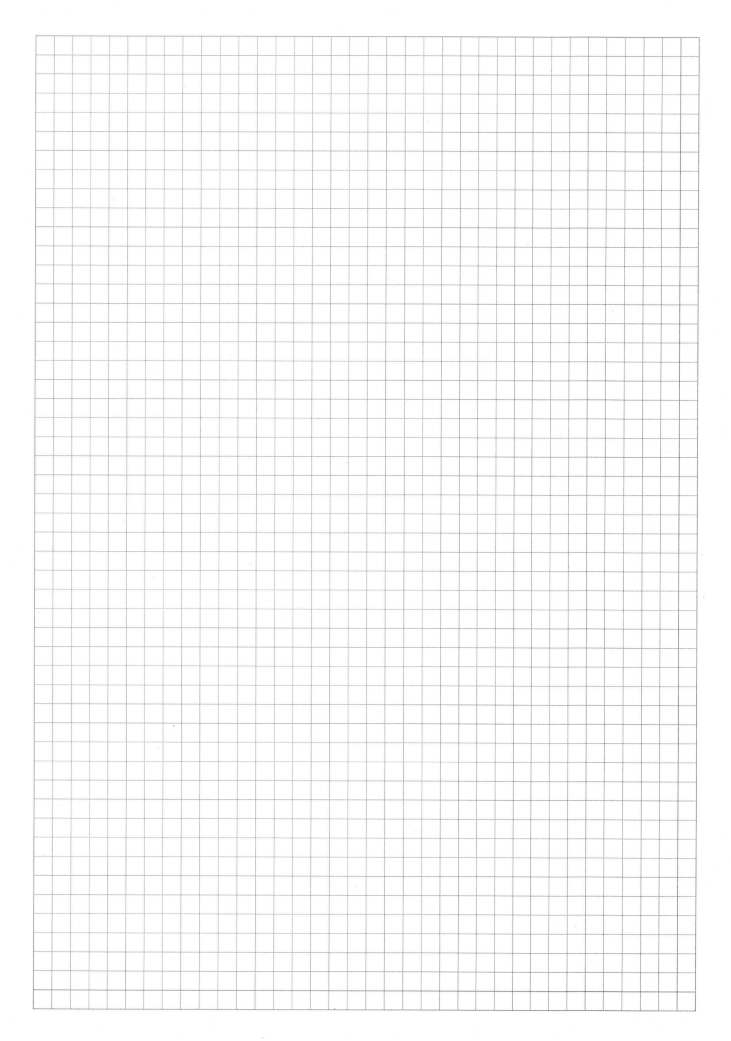